我最想要的**美丽书**

THE
BEST
BEAUTY
BOOK

秦彬　著

中华工商联合出版社

U0271060

图书在版编目（CIP）数据

我最想要的美丽书 / 秦彬著. -- 北京 : 中华工商
联合出版社, 2013.7

ISBN 978-7-5158-0576-4

Ⅰ. ①我… Ⅱ. ①秦… Ⅲ. ①美容—基本知识 Ⅳ.
①TS974.1

中国版本图书馆CIP数据核字(2013)第149181号

我最想要的美丽书

作　　者：秦　彬
责任编辑：郑　婷　胡小英
书籍装帧：创意零檬
责任审读：李　征
责任印制：迈致红
出版发行：中华工商联合出版社有限责任公司
印　　刷：北京米开朗优威印刷有限责任公司
版　　次：2014年2月第1版
印　　次：2014年2月第1次印刷
开　　本：889mm×1194mm　1/24
字　　数：100千字
印　　张：9.75
书　　号：ISBN 978-7-5158-0576-4
定　　价：39.80元

服务热线：010-58301130
销售热线：010-58302813
地址邮编：北京市西城区西环广场A座
　　　　　19-20层，100044
http://www.chgslcbs.cn
E-mail: cicap1202@sina.com（营销中心）
E-mail: gslzbs@sina.com（总编室）

Contents 目录

Chapter 3　解决问题肌肤的独家秘籍

开场白

还记得 16 岁的冬天，北京的天气格外冷，逐渐阴沉的天空酝酿着

一场大雪，很快鹅毛般的雪片便洒落下来，雪后的第二天，天空便刮起

了大风，一个背着双肩书包骑着单车努力迎风前行的人，经过 30 分钟

路程到达了学校，刚一坐下同桌就大叫了一声，支支吾吾地说："你的

脸怎么了⋯⋯"急忙找来一面小镜子，"啊！"怎么全脸暴皮啦！

你一定猜出来了，没错，那个人就是我！一个满脸爆皮的我！一个满脸都觉得干痒和紧绷的我！当时，我自己都吓了一跳！

为了让自己的皮肤不再暴皮，不再吓到同学们，我开始研究护肤，从此便一发不可收拾，经过不懈努力，我不仅调理好自身的肌肤，还成为当时学校里的"护肤专家"，而后，我立志从事美容护肤行业。

经过不懈的努力，自己先后在电视美容节目、美容杂志、门户美容频道工作了 10 年，并受邀到访了很多国家，了解了不同美容品牌的流行趋势和理念，在工作中逐渐晋升为具备专业美容知识的先锋人物，以神农尝百草的精神和专业的知识背景，让自身的护肤理念升华到内外兼修的层面，并潜心研究及创新护肤手法、芳香疗法、内调养护、穴位辅助等方面，将其综合运用到肌肤养护中，也让护肤的含义更加深入。

之前在很多媒体上发表过不少美容的文章，也经常有人问我各种各样的护肤问题，我发现还是有很多人对护肤不甚了解，甚至连基本的清洁都存在误区，作为一名美容领域的工作者，我有义务也有责任将美容护肤的知识传播给大家，尽我所能帮大家解决更多的"面子"问题，于是就促成了这本书的诞生。

就像当年的我一样，对于肌肤出现的问题我没有放任不理，而是找

出方法来解决，我想任何事情都怕"认真"二字，只要用心了，认真了，

就不怕遇到困难，更不会因为遇到困难而放弃。我想对于护肤来说也是

如此，只要我们认真对待自己的肌肤，认真对待生活，那么每一个人都

会活出自己的美丽，都会活得更加精彩，我也希望这本书可以带给大家

更多的护肤方式和生活理念！

　　在此，谢谢每一位朋友，我还会一如既往地认真下去，也希望通过

此书带给大家更多的美丽正能量！

秦　彬

特别推荐

《优家画报》
全国美容创意总监 | **钱 慧**

> 从翻开第一页起，就能清晰快速地了解到呵护肌肤、打造靓妆和优雅生活的美丽之道，对于当下崇尚简单而高效的美肤小时代来说，尤其适合推荐给明郎利落的俏女郎。

《风尚志》杂志社
副主编 | **殷春颖**
Vicky

> 没有华而不实的绚丽辞藻，而是贴近每一处细微的需求，《我最想要的美丽书》为你揭开美丽背后的点滴智慧，给你真正的滋养。

兰芝中国
品牌经理 | **苗芃芃**

> 秦彬老师严谨的态度，扎实的专业知识！兰芝期待大家的美丽转变，预祝新书大卖！

《米娜》
执行主编 | **郑培莎**

> 美丽不需要昂贵的价格、不需要华而不实的言语，秦彬老师将10年美肤经验积累起来并传播给大家，读《我最想要的美丽书》让人生更美好！

innisfree 悦诗风吟中国
品牌经理 | **金 哲**
KIM CHUL

> 小清新的好朋友秦彬先生出书啦！关于女性的美，中国和韩国都有异曲同工之处，都是注重外貌和内在的双重滋养。此书从自然主义出发，充分表达了"外护肤，内调理"的东方美学理念，希望它能成为每个爱美之人心中《我最想要的美丽书》！

资深媒体人 | **易铃娜**

"认识秦彬老师许多年，他的认真与努力，一点一滴的进步我都看在眼中，对于美丽这项事业来说没有捷径，通过这本美丽书，让我们看到一个专业、敬业、执着的专家老师，无论你对美容有多少研究，这本《我最想要的美丽书》都是一本值得收藏的好书！"

光线传媒
资讯事业部总裁 | **丁丁张**

"追求细节和更美的人生才是好人生，你做到了吗？"

雪花秀中国
品牌经理 | **杨绮华**

"亲近美，感受美！读秦彬老师的美丽书！"

医学美容品牌"宠爱之名"
创办人 | **吴蓓薇**

"这是一本教导你如何宠爱自己的美丽书！"

梦妆中国
品牌经理 | **周 丽**

"秦彬老师是一位非常专业的美容护肤达人，他把积累多年的，丰富且实用的心得都写在了这本美丽书中，让我们跟着他，一起快乐美肤吧！希望每个人都拥有无瑕、健康的花漾美肌！"

Onlylady
执行总经理 | **凯 霏**

"专注才能成功，认真才能实现，秦彬老师用多年的美肤经验和专业的知识，汇聚成这本《我最想要的美丽书》，Onlylady 愿和大家一起读懂美丽之书，实现美丽人生！"

Chapter 1
打好基础，让素颜更美丽

要美丽从自我了解开始

你是否有过这样的经历，在化妆品柜台购物的时候，因为拿不准自己的肤质，因而挑了半天，还是没能买到称心的产品，有时因拿不准自己肌肤的情况，最后买了一堆用不上的产品。"自己到底是什么肤质"成了一个让人困惑的问题，那么如何快速分辨出自己的肤质呢？和大家分享一个小窍门，1 分钟就能了解自己的肌肤性质，下次买护肤品时，就不会犹豫不决，拿不定主意了！

我来教你

快速鉴别肤质法

01 用起泡沫的洁面品在面部进行清洁大约 40 秒，然后用温水洗净。

02 用干净的毛巾按干面部，不要用力擦。

03 观察面部脸颊、T 区、U 区的情况。

1 分钟后判断结果

1 分钟后发现面部开始有小油光出现，用吸油纸按压即刻能吸出少量油分，并且没有清爽的感觉，则初步判定为**油性肌肤**。

1 分钟后发现面部紧绷，尤其是脸颊、鼻翼部位，甚至出现小脱皮和干痒的情况，则初步判定为**干性肌肤**。

1 分钟后面部没有出现明显的紧绷和油腻感，T 区和 U 区也相对舒适（偶有少许油分），没有任何不适的情况，基本上判定为**中性混合肌肤**。

1 分钟后，面部出现刺痛感、痒、脸颊泛红现象，则肌肤相对敏感，选择护肤品时要**格外注意**。

走出 "洗脸" 的误区

不同肌肤请用不同质地的洁面品

洗脸是我们每天必做的事情，有不少人为了省事就随便在脸上揉揉搓搓，以为洗脸没那么多讲究。其实我想说，如果你每天都是糊弄般地洗脸，那么就不要总抱怨化妆品不管用，先审视一下自己，是不是对得起你的脸。

前面已经教大家如何辨别自己的肤质，接下来我要教大家根据肤质来选择洁面品，因为有针对性地洗脸才能有效地把脸洗干净。

我来教你

干性肌肤：由于干性肌肤油脂分泌少，所以适合使用无泡沫的洗面奶。

油性肌肤：油脂分泌旺盛，应该选择泡沫丰富的洁面乳或者洁面膏。

中性肌肤：中性肌肤挑选洁面品的种类限制最少，无论是有泡还是无泡的洗面奶都可以使用，如果你是中性肌肤，那么你应该庆幸自己肤质的包容性。

温馨提示

中性肌肤的适应能力很强，只是千万不要让中性肌肤变成化妆品"试验田"，更不要认为适应能力强就用皂碱类的产品洗脸，久而久之中性肌肤也会受伤哦！

一天洗脸几次最佳？

相信有很多人做过或者仍然这样做的一件事就是脸上一出油就去洗脸，洗过之后就觉得脸皮干净了，然后再出油再去洗脸，一天当中洗了 N 多次脸，总觉得这样肌肤才干净清爽！

你也一定有这样的感觉，怎么洗了这么多次脸，仍然感觉油腻腻的，面部肌肤维持清爽的时间也越来越短，以至于洗脸次数越来越多，难道想把脸洗干净也有错？答案是：洗脸没有错，但是洗脸的次数有问题！

我们的肌肤有一层皮脂腺，这也是保护肌肤的屏障，有一定油分的释放才可以保护肌肤不干燥且不易敏感。如果一天当中洗脸次数过多，只会引起保护肌肤的必要油分缺失。当油分过度被洗掉时，我们的肌肤会自动释放出油分子，以保证肌肤的水油平衡。久而久之，肌肤总在不停地过度释放油分。这也是为什么洗脸多次，但出油情况并没有得到改善的根本原因。

心水推荐

IPSA 茵芙莎舒缓洁面泡沫　175g

这是一款氨基酸系的洁面泡沫，推荐给大家也是因为氨基酸系的洁面产品的表面活性剂多采用天然成分原料制成的，所以相当温和。此外，这款产品的泡沫非常细致，属于无添加、弱酸性的低刺激洁面产品，温柔的泡沫能给肌肤贴心的呵护，洗净力强且无紧绷感。

我来教你

正确洗脸次数

一天之中洗脸不应该超过 3 次。一般肌肤一天保证 2 次认真清洁便可，油性肌肤可增加到 3 次，但任何肤质一天清洁次数都不应该超过 3 次。

卸妆油怎么用？用过之后还用洗脸吗？

我有个朋友很喜欢化妆，每天早早就起来打扮，每次化妆都要花去至少 1 个小时，不过化妆后的确更加漂亮了。经过一天的工作之后回到家，她第一件事就是跑到洗面池旁，哗啦哗啦地洗脸，一遍又一遍，还不停地嘟囔着："怎么这洁面膏这么难用，这么半天都洗不干净我这口红啊……"后来她忍不住问我是为什么，我只问了一句："你有没有用卸妆油？"瞬间她就"石化"了……

像我的这位朋友，知道每天用彩妆在脸上精雕细琢，却不知道怎样正确卸妆的大有人在，殊不知如果卸妆不彻底，痘痘、皮肤粗糙、黑头可都会找上你哦！

我来教你

卸妆产品大致分成卸妆油、卸妆水、卸妆膏，其中卸妆油的使用最为广泛，也是我推荐给大家使用的产品。

卸妆油正确使用方法

01 使用卸妆油时，要保持脸部、手部完全干燥，并将足量的卸妆油倒在手中。一般来说，卸一般的彩妆，取一枚 1 元硬币大小的量即可。

02 将卸妆油涂在面部，并进行按摩，让卸妆油充分溶解彩妆。

03 喷一些水，让卸妆油得以乳化，当看到卸妆油泛白时，说明其开始充分发挥卸妆作用，乳化这一步很重要。

04 在面部按摩 30~40 秒，用温水洗净，别忘记再用一次洁面产品清洗一遍，以保证脸上没有残留的彩妆。

温馨提示

卸妆水适合比较轻薄的妆容，卸妆膏比较强力，因此在脸上停留时间不要超过 40 秒。

涂了防晒霜需要卸妆吗？

涂抹防晒霜之后也需要卸妆！由于防晒霜在一天当中的使用频率非常高，一般夏季每隔 2 小时就要涂抹一次，其他季节一天当中也需要补擦多次，因此脸上的负担相对较重，再加上有一些防晒霜本身就有饰色效果，因此晚上回到家的第一件事，就是使用卸妆品卸除脸上的防晒霜及污垢。不过这个时候，你也可以选择用卸妆液来卸除防晒霜。

眼唇卸妆要区别对待

"反正都是卸妆，只用一瓶卸妆油就行了"。有这种观念的人应该很多，但就是这种不在乎的态度，很可能导致你的眼部和唇部肌肤过早地出现问题，甚至提前老化，并不是你没有涂抹眼霜或者护唇膏，而是你没有用对卸妆品。

由于眼周和唇部肌肤没有皮脂腺，所以皮肤非常脆弱，尤其是眼部肌肤仅仅有面部其他部位的三分之一厚度，因此卸妆就要格外小心。一般的面部卸妆油由于油分子比较大，不适合在眼周和唇周使用，因此，请使用专业的眼周、唇周卸妆液，这样才能保证温和卸除眼妆和唇妆。

心水推荐

植村秀全新绿茶新肌洁颜油 150ml

这款洁颜油富含辣木籽精华和绿茶精粹，前者能有效清除造成肌肤老化的污浊，而后者有卓越的抗氧化功能，内含的高浓度茶多酚和多种维生素，可以强效抵御自由基侵袭。用这款产品作为卸妆油，不仅可以起到深层洁净，消除化妆品残留的作用，还能提高皮肤的抗氧化能力，减缓肌肤老化进程。

基础护肤四部曲

日常护肤不是涂了面霜或者擦了化妆水就搞定了，需要我们细心按照步骤来进行。护肤步骤正确，可以让护肤工作变得更加有效，就好比两个人唱歌，一个是扯脖子唱，一个是用麦克风唱，显然后者能够让声音放大更多，护肤也是如此。用正确的顺序进行护肤，可以让护肤品的效果真正释放出来。

在护肤中，基础护理是至关重要的，就像是楼房的地基，打好基础皮肤才不会出问题。

在基础护肤中我们可以分成四步来做

① 清洁 + 爽肤　　　　② 眼霜　　　　③ 精华 / 面霜　　　　④ 防晒

遵循以上四个步骤依次进行，不但可以有效清洁肌肤，而且还可以让护肤品逐步发挥作用，让护肤效果达到最佳。特别需要注意的是，爽肤（化妆水）之后一定要先使用眼霜，由于眼霜产品分子小，所以先使用以使其快速深入到肌肤中，之后再使用精华或者乳霜，最后不要忘记涂抹防晒霜。

① 清洁 + 爽肤

在基础护肤中，清洁和爽肤是第一步工作，清洁工作必须认真做，否则护肤就无从谈起。清洁和爽肤就好像两姐妹密不可分，我们护肤的时候可以把它们想象成一家人，清洁过后应立即使用化妆水调节肌肤，确保不因清洁而让肌肤过度干燥，当然建议油性肌肤使用泡沫洁面品，干性肌肤使用无泡沫的洗面奶，以避免造成更多干燥和紧绷感。

我来教你

Tips: 化妆水是拍还是按？

我曾经看到有人把化妆水在脸上使劲地拍和按，以为这样可以促进化妆水充分地吸收，其实不然！试想，化妆水怎么可能按一按就按进肌肤里呢？按来按去水还是水，依然在那里，没有被肌肤吸收。而拍化妆水只能说拍的动作帮助了化妆水的快速挥发，实际上也不太可能拍进肌肤里，到底怎样使用化妆水最有效呢？

Tips: 怎样使用化妆水最有效？

使用化妆水最好的方法是借助化妆棉，在用量上不要舍不得，多倒一些化妆水在化妆棉上，然后先从脸颊开始由内而外轻轻擦拭，这样做可以带走肌肤的废旧死皮，然后再擦拭额头、下巴、T区，这样做一方面可以做到初步调整肌肤，另一方面有助于肌肤的二次清洁，擦拭完化妆水后你会发现化妆棉上会带下来不少死皮哦！

化妆水不仅可以调整肌肤，而且还可以作为湿敷来使用。擦拭完化妆水后，可以将化妆棉揭开并在重点部位湿敷，这样调整肌肤状态效果更佳，而这些是用手拍打、按压所做不到的。因此，从今天起，都试着利用化妆棉来擦拭化妆水吧！

心水推荐

01 科颜氏金盏花植物活肤水 250ml

这款产品含有的金盏花成分有消炎、镇静、愈合伤口，以及抑制青春痘的功效。使用后，有助于青春痘瘢痕的愈合，及改善轻微因粉刺而造成的感染发炎现象。适合中性和油性肌肤，特别适合"痘痘肌"使用。

02 欧缇丽葡萄活性精华爽肤水 100ml

这款爽肤水，又名匈牙利皇后水，是欧缇丽，即大葡萄家族的明星产品。这款产品是纯天然植物萃取，高浓度的配方中含有葡萄、安息香、橙花、没药、玫瑰萃取，以及多种稀有植物精油，具有平滑肌肤，收紧毛孔、瞬间提亮肤色，唤醒倦怠肌肤的神奇功效。

01　　02

② 眼霜

　　记得有一次和阔别许久的朋友小聚，当我们聊得开心大笑时，发现她的眼部肌肤细纹很多，于是就问她眼部是不是没做保养，她干脆地说："不保养，一涂眼霜就长脂肪粒……"我听后有些诧异，怎么会呢？与朋友辩论一番后，最后我得出的结论是：涂抹眼霜的方法有问题！

我来教你

Tips: 怎样涂抹眼霜才能有效吸收，不长脂肪粒

01　**错误涂抹方法：**上来就用眼霜直接涂抹眼部，按摩时过于用力，会导致拉扯眼周肌肤，使眼周肌肤受到伤害。

02　**正确涂抹方法：**取2颗黄豆粒大小量眼霜，分散点在眼周围，从眼头开始一直点到眼尾，然后以指腹轻轻拍打按压，将眼霜轻拍均匀，然后再以指腹轻轻按摩，在眼尾处轻轻向上提拉片刻。这样使用眼霜可以保证眼霜不造成堆积，并可以让眼周肌肤均匀吸收眼霜中的成分，就会大大避免脂肪粒的产生哦！

心水推荐

欧舒丹蜡菊活颜精华眼霜　　15ml

　　这款植物系的眼霜蕴含蜡菊精华油和蜡菊活性修护因子，它的质地很温和、易吸收，而且清爽不油腻，保湿效果明显，同时还可以淡化黑眼圈，消除浮肿及倦怠迹象，使明眸恢复青春神采。

③ 精华 / 面霜

基础护肤中使用完眼霜，一般就要使用一层精华，然后再使用乳液或者面霜，而精华和乳霜的质地和作用也有所区别，因此建议两个都要用，在使用精华和乳霜时也要注意几个小细节。

我来教你

Tips: 不同质地精华分先后吗?

精华有很多种类，比如水质感的精华、乳质感的精华、啫喱状的精华，那么这些精华先用哪个，后用哪个有什么讲究呢?

使用精华时，首先要遵从抗老精华、美白精华、保湿精华的顺序来使用。因为抗老精华往往分子最小，最容易快速通过毛孔，而保湿精华分子相对较大，所以用在最后，如果先用大分子精华，小分子精华就无法通过毛孔进入到肌肤里面发挥作用了。

使用精华时，如果是同一种质地，那么请遵从以上顺序即可。

使用精华时，如果是不同质地的不同种类的精华，请先用质地最为轻薄的，比如你在同时使用美白、抗老、保湿三种精华，而这三种精华质地有水质的、啫喱的和乳液质地的，那么请先用最轻薄的水质精华，然后再使用啫喱精华，最后使用乳液质地精华。

也就是说我们用精华一定要注意它们的质地，记住，质地越轻薄的越先用，这样就没什么问题了。

心水推荐

娇韵诗恒润奇肌保湿精华液 30ml

这款精华液是缺水肌肤的救星，活化肌肤的 Omega 3 与卡塔芙树皮萃取能锁住肌肤里的水分，苜蓿萃取可抚平早现的皱纹，密集式补水护理亦能为极度干燥缺水的肌肤带来年轻活力。

Tips: 面霜和乳液，到底应该用哪个？

说到面霜和乳液，我想再老生常谈地提一句，如果你想两个都用，那么一定是先用乳液后用面霜，尤其是冬季，往往先用过乳液之后，再用一层面霜作为保护层，而夏天选择使用其中一种就可以了。

④ 防晒

如果你认为基础护肤就是清洁、爽肤、润肤就万事大吉了，那么你就大错特错了！因为前三步都是必需的基础养护，而防晒是可以防止肌肤衰老的关键第四步，有研究表明紫外线是肌肤变黑及衰老的根源之一，因此一定要记得做好防晒工作。

我来教你

Tips: 防晒用量要足够

夏季日常防晒最好选用 SPF25 以上的防晒霜，如果长期在外活动每隔 2 小时就要补涂一次，如果是在海边就要用 SPF35 以上，并且防水的防晒霜。秋冬日常防晒可选用 SPF20 的产品。

防晒霜用量多少直接关系到其作用，**而面部、手臂、腿部的用量都很有讲究。**

01　**面部使用量：**1 枚 1 元硬币大小量。

02　**手臂：**从上至下涂抹防晒霜宽度至少 0.5cm。

03　**腿部：**从上至下涂抹防晒霜宽度至少 1cm。

温馨 Q&A

Q: 在室内还用防晒霜吗？

A: 一定要用。

Q: 防晒霜怎么涂不开？

A: 防晒霜在使用时，要用不断轻拍的方式均匀覆盖肌肤。

Q: 敏感肌肤能用防晒霜吗？

A: 当然能用，但最好购买物理性防晒霜。

Q: 何为物理性防晒霜？

A: 防晒霜可分为两大类：一个是化学防晒；一个是物理防晒。物理防晒是以反射紫外线的方式来达到防晒效果，化学防晒是通过先吸收紫外线再释放出去的方式来达到防晒效果。物理防晒更适合敏感肌肤，购买时不妨多咨询一下导购。

心水推荐

资生堂安热沙美白防晒乳 60ml

　　三重防御系统，全年呵护肌肤远离紫外线伤害，并可淡化色斑，赋予肌肤水润，保持肌肤弹性，呈现柔润美白肌肤。乳凝胶般的水润质感，让这款产品可轻松涂匀又不会有黏腻感，具有较强的防水防汗性功效的同时，亦用普通的洁肤产品便可清洗干净。

独家教授敷面膜技巧全面升级

说到面膜，那可是我每周都会使用至少3次的护肤"利器"。平常工作忙经常加班加点，肌肤状态就会明显变差，这时候我都会利用面膜来帮助修复肌肤，因为面膜中的浓缩精华可以帮助肌肤快速恢复明亮、水润，使用起来也很方便，因此面膜是我必备的保养品。

面膜类型知多少

想要利用面膜护理肌肤，就一定要对面膜有一些了解。现在市面上的面膜功效分得很细致，比如保湿、美白、控油、祛痘等，但从类型上来讲可以分为三类：1.片装面膜；2.水洗型面膜；3.睡眠冻膜。你也许会问，这三类面膜有什么区别？它们的优缺点是什么呢？搞清楚了，我们才能找到适合自己的面膜，让护肤效果最大化，一起来了解一下吧。

片装面膜：片装面膜是最常见的一类面膜，每次用一片，干净卫生，也是目前商店里卖得最多的一种面膜类型，这类面膜多以保湿补水、日常修护功效居多。另外，片装面膜也有不同的材质可以选择，比如有传统的不织布材质，还有现在比较先进的生物纤维材质。生物纤维材质的面膜采用天然的有机纤维制成，可以说是自然界中最微小的有机纤维，能让空气通过，并且非常柔软和有韧性，吸水性能极强，所以使用效果会更好一些，不过其与不织布面膜相比价格略贵，适合定期密集护理使用，而平常基础护理可以选择不织布面膜，物美价廉。

心水推荐

宠爱之名柔致保湿生物纤维面膜　3片/盒

这款面膜添加了超优质玻尿酸，能够吸收800倍水分子。不论是日常保养或临时急救，一片面膜，就可立即且持续地全面补水、保水到锁水，让饱含水分的脸庞，由底层到表面透出健康柔嫩的活力光彩！

水洗型面膜：水洗型面膜是我个人比较喜欢的一种，因为这类面膜在短短15分钟里就能发挥护肤作用，清水洗过会发现面部问题改善很多。水洗型面膜的好处在于，使用时比较随意，用量多少可以根据自己的肤况选择，还可以根据不同肌肤特点在面部不同位置涂抹不同功效的面膜，这一点是片装面膜无法做到的，并且水洗型面膜基本上都比较温和，也比较经济划算，一支面膜往往有100毫升，很耐用。

心水推荐

兰芝缤纷浆果酸奶滋养面膜　80ml

这款面膜含有缤纷浆果萃取物及创新乳酸菌，浓浓的草莓酸奶香味，让人忍不住想吃一口。天然草莓提取精华，可以美白补水，收缩毛孔击退暗哑，使肌肤恢复天然白皙细嫩。为解救阴霾中的肌肤，就让"草莓酸奶"成为你的亲肤宝贝吧！

睡眠冻膜：严格意义上来讲，冻膜也属于水洗型，只不过这类面膜是可以过夜的，第二天洗脸时再进行清洗。这类面膜质地就像果冻一样，晶莹剔透的，使用起来非常方便，晚上涂抹一层就可以安然入睡了。不过，这类面膜比较适合年轻肌肤，因为冻膜基本上很少有抗老功效，多以保湿、控油、美白为主，如果你想抗老，那么我建议你用片装面膜或者水洗型面膜更好一些。当然，睡眠冻膜可以作为日常护肤来用，尤其是懒人们，用睡眠冻膜是最好的选择。

心水推荐

娜露可森玫瑰雪耳保湿晚安冻膜　60ml

娜露可的冻膜系列是其品牌中的明星产品，独特的"膜中膜"技术可以直渗肌里，在睡眠过程中施展保湿、滋润、嫩肤、亮颜、舒护 5 重靓肤"膜"法，翌日重绽玫瑰般青春娇嫩光彩！

了解了一些面膜的知识，我们就能有的放矢地选择面膜了，不过在面膜的使用上我还有一些提升效果的小技巧，你不妨也试着跟我这样做。

我来教你

敷面膜请安静平躺

很多人敷面膜后，就开始忙别的，比如上网、来回走动等，其实我非常反对敷面膜时做其他事情，敷面膜后会有一定的重力，加上地心引力的关系，只会增加让面部肌肤向下垂的概率，所以一定要保持平躺的姿势，这样不仅能舒展肌肤，而且也能避免重力下垂。

化妆棉变身面膜的多用途升级法

你也许听说过利用化妆棉＋化妆水可以当作面膜湿敷来用，这的确是一种简单易行的方法，并且可以每天使用，但以往直接贴在脸上的方法已经有些过时了，如何能与时俱进，让化妆棉发挥更多功能呢？跟我一起学化妆棉变身面膜的升级用法吧！

01　层叠法： 如果你的肌肤干燥或者需要更多的滋润，不妨将化妆棉多撕开几片敷在重点需要的部位，你会发现养护效果加倍了，肌肤的干燥感很快就消失了。

02　增料法： 如果你的肌肤需要特别调理，比如脸颊需要滋润、T区需要控油，那么可以在脸颊的化妆棉外侧涂抹一层保湿乳液，在T区处涂抹一层控油产品，停留时间2分钟以上，揭开化妆棉你会发现肌肤得到了最佳的调理效果。

03　按摩球法： 将敷完的化妆棉揭下后，卷成一个小球，就变成了面部按摩球，在肌肤上滚动，可起到辅助按摩的作用，经济实用。

心水推荐

D-Q 化妆棉　　100 片 / 盒

非常好用的一款化妆棉，它精选 100% 天然棉制成，蓬松轻柔，不易起毛，具有卓越的吸收性和释放性。用它来作为自制面膜的基底，可以让营养成分快速渗透肌肤深处，提升护肤效果。

敷上面膜　你还能做的美容手法

敷面膜以后你还能做什么？当然不是看电视和吃饭，而是给面膜做些有效的加法。敷面膜平躺后，利用指腹在面部进行轻拍，以促进面膜精华吸收，然后点按太阳穴和四白穴，放松的同时刺激面部血液循环，而四白穴在中医里被称为"美容穴"，做面膜时按一按更有助于美容养颜，我平时是这样做的，你也试试吧！

Chapter 2
塑造健康迷人曲线

几个小技巧轻松减肥

　　每天坐在办公室一工作就是 8 小时，只有午饭时间能活动一会，但吃完饭又要坐下对着电脑忙碌了，哪里有时间锻炼身体？久而久之小肚腩起来了，蝴蝶袖出现了，大腿越发丰润了，怎么办？不工作不现实，工作后又没有力气去健身房运动，难道就任由肥肉暴涨吗？NO！即便是没时间做运动，但是只要你用一点小心思，在办公室里也能消耗掉脂肪，和肥肉说再见！

我来教你

办公室里做几个小动作　轻松不长肉

踮起脚尖工作　让你多消耗卡路里

当你坐在椅子上，紧盯电脑屏幕工作的时候，不妨将双脚的脚尖踮起，每次坚持 2 分钟，每天可做数次。这样做会消耗不少卡路里，同时对腿部赘肉有消脂作用，也减少了臀部变大的问题。

不靠椅背　只坐椅子三分之一

工作时尽量不要靠着椅背，将臀部放在椅子前端（三分之一处），腰背挺直。这样做你会发现，你的腰背和臀部会在不知不觉中用力，可避免肥肉囤积。当然，你不用时时刻刻这样做，每天做 3~4 次，每次坚持 10 分钟，这样算下来你就做了 30 分钟以上的运动了。

小肚腩揉一揉没有了

很多人最烦恼的一件事就是有小肚腩，尤其是办公室里的 OL 们，每天三餐吃完基本就是坐下工作了，难道小肚腩就去不掉吗？或者喝点泻肚的减肥茶？你不想每天拉肚子还伤身体吧！其实真的不用受那个罪，每天揉一揉小肚子就能减掉小肚腩，一起做起来吧！

- 双手叠在一起，顺时针以肚脐为中心打圈按摩 36 下。
- 双手叠在一起，从肚子中部向下推 36 下。
- 最后双手叠在一起，以肚脐为中心，做 "？" 形状按摩 36 下。

以上动作可每天早晚各做 1 次，早上饭前做，晚上饭后 2 小时后做。

点按穴位 有效消除"大象腿"

在减肥的道路上，两大难减的部位，一个是小肚腩，一个就是大腿。对于小肚腩，我们可以通过按摩的方式减掉，而对于大腿的脂肪来说，更为坚固，为此在按摩的时候配合点按穴位和纤体产品，可以达到较好的效果。

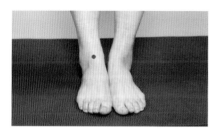

01 **消除大象腿之除水肿穴：**解溪穴，位于小腿与足背交界处的横纹中央凹陷处。点按时稍稍用力，并停留时间不少于 3 秒，点按 10 次，做 3 组。此穴位有助于减少水肿引起的大象腿！

02 **消除大象腿之收紧穴：**三阴交，在内脚踝向上 4 根手指宽的位置。按摩此穴位有助收紧肌肉，营造紧致线条，并有助于延缓衰老，利用大拇指按此穴 5 分钟，每分钟按压 15~20 次，每天数次。

03 **消除大象腿之通经络穴：**足三里，外膝眼下四横指胫骨边缘。按摩此穴有助于打通经络，使用大拇指按足三里穴位 5 分钟，每分钟按压 15~20 次，每天数次。

以上三个穴位依次进行，然后配合纤体产品在腿部进行按摩，对消除大象腿有良好的效果。

心水推荐

娇韵诗纤体精华霜（第五代） 200ml

保持窈窕曲线的最佳方案无疑是：规律运动 + 健康饮食 + 有效产品。在纤体产品中，娇润诗纤体精华霜绝对是该领域的佼佼者。这款纤体霜以山萝卜花帮助突破脂肪细胞周围顽固的蛋白质屏障，并利用七叶树等成分提高咖啡因吸收，配合促进按摩吸收与代谢循环的独特"红魔晶"颗粒，能有效抚平橘皮组织，使肌肤更紧致平滑，重塑窈窕曲线。

瘦身餐，让你怎么吃也不胖

　　说完上面的小动作，你是不是已经做起来了，只要坚持就一定会有良好的效果哦。当然，除了简单的动作可以帮助我们瘦身以外，饮食也是相当重要的，如果胡吃海塞没有节制也是不行的，合理膳食才能既保证供给身体能量，还能保证不发胖。

有效简单的办公室瘦身午餐

　　一日三餐，对于办公室的 OL 们来说午餐是一天当中最为重要的一餐，因为要依靠午餐补充体力去支撑下午繁重的工作，合理搭配午餐就显得格外重要。但午餐时间短往往要到外面餐馆吃，不仅不能保证营养，而且餐馆里的饭菜往往都过于油腻，对于保持身材更是无利。既然在餐馆吃午餐不靠谱，不如自己准备一份简单的瘦身午餐，既干净还能保证营养，关键是还不会让身体发胖，何乐而不为呢？

我来教你

营养瘦身午餐搭配原则

从营养层面来讲，蛋白质是必不可少的，我们可以从豆类、鱼肉中摄取。另外，矿物质也是必需的，因为我们需要钙、镁等物质，这些可从深绿色蔬菜、豆类中摄取。每日所需的维生素，可从胡萝卜、番茄等食物中摄取。也就是说，只要食物搭配合理，我们就可得到每日所需的营养，而不会让身体营养失衡造成肥胖。

我的瘦身午餐食谱

配菜	星期一	星期二	星期三	星期四	星期五
绿色菜	拌菠菜	西蓝花拌木耳	清炒芥蓝	熏干炒芹菜	清炒娃娃菜
红色菜	番茄炒蛋	西芹炒胡萝卜	蒸南瓜一块	番茄炒蛋	凉拌紫甘蓝黄瓜
肉类	清蒸鱼块	一块鸡肉	2只虾	1条小黄花鱼	鱼丸3颗
主食	一块紫薯	素蒸饺	1两米饭	米饭1两	红薯饭2两

通过上面的表格，向大家展示了我在日常工作中的午餐搭配情况。对于工作中的人来讲，午餐一定要吃得均衡营养，并保证吃到八成饱，晚餐将主食一律换成粥汤类，不吃肉，坚持下来你会发现，不仅身体更健康了，而且体态更轻盈了，体重也下来了！希望对减肥的朋友有所帮助。

SOS！拯救大象腿

我们对于美的概念已经不仅仅停留在面部，现在更多人追求的是全身的美丽，比如婀娜的身材、优雅的气质，当然这一切都需要有一双纤纤玉腿，而很多女性朋友常感叹自己有一双大象腿，任凭怎么减肥好像还是很粗壮，而且腿部完全没有线条，这该如何是好？

我来教你

几个穴位打通腿部循环

在我们腿部密布着许多穴位和经络，其中有一条胆经贯穿腿部，敲打胆经既能驱除体内寒气，还能促进循环。敲打时请双手握空拳，从臀部外侧开始敲打，一直到膝盖外侧。敲打的时候要稍微用一点力度，动作也要快一些，这样才能起到刺激穴位的作用。

敲打过后，你会觉得腿部有些微微发热，也好像疏通了不少，接下来就要重点打通腿部的几个穴位了。

穴位 1——阳陵泉穴：此穴位于小腿外侧，介于膝盖外侧到脚踝中间位置靠上一点点，拍打刺激这个穴位有助于调理肝胆之气，打通经络有利于腿部筋骨强韧，另外也可直接用大拇指进行按揉，每次 36 下，每天 2 次。

穴位 2——光明穴：此穴位在小腿外侧，腓骨前缘，外踝尖往上 5 寸的位置，离阳陵泉穴不远。拍打刺激这个穴位同样可以疏通腿部循环，并且这个穴位有连接胆经各部气血的作用，也可以用大拇指进行按揉，每次 36 下，每天 2 次。

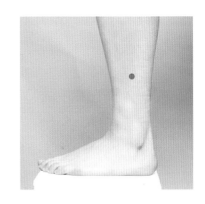

穴位 3——风市穴：在大腿外侧中线上，最简单的取位方法是，手下垂于体侧，中指尖所到处即是。有一些爱美的女性冬季也经常穿裙子，会导致腿部受凉而感到疼痛，此时可以拍打风市穴来缓解，此穴位也有利于排走腿部水肿。此外，也可利用拇指进行按揉，同样是每次 36 下，每天可进行 2 次。

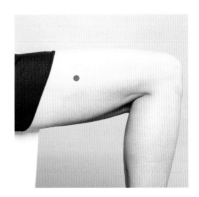

每天 5 分钟，塑造完美腿形

现在上班族一坐就是 8 个小时，除了午休的 1 个半小时为了吃饭还能走动一下，其他时间基本上就是坐着了。长期坐着不动危害很大，美国前国务卿希拉里就是因为长期久坐而导致腿部血液不畅而出现"堵塞"问题，更严重的是这种堵塞不仅影响腿部美观，还会影响到人的视力。长期不活动我们的双腿不仅会造成腿形不完美，还会影响我们的健康。那么如何保养双腿，塑造完美的腿形呢？

我来教你

01 每晚洗澡后，用滋润霜涂抹全腿，并配合按摩让滋润霜吸收到八成。

02 然后，双腿略微弯曲，双手握住脚腕并向大腿方向移动，双手稍微用力不要离开腿部肌肤，重复做 10 次。

03 接着，双脚着地，腿呈 90°，双手再次握住脚腕稍加用力移动到膝盖处停住，此时双手继续用力向上提拉，停留 5 秒，力度感觉脚要离开地面即可。此动作做 10 次。

04 最后，站起身原地做 10 次高抬腿动作，有助于舒展腿部筋络。

以上的方法可以有效塑造小腿的腿形，日常工作时不妨穿上一些紧身的丝袜，既可帮助塑造腿形，还可预防静脉曲张。另外，在办公室条件允许的情况下，坐在椅子上臀部保持不动，连续抬起双腿 10 次，对保持完美腿形也很有帮助。

两瓶矿泉水，告别双臂"蝴蝶袖"

时间久了，你会发现胖会让身材走样，肌肉松弛会让身材变得更难看，比如"蝴蝶袖"，一到夏天看见不少人两只胳膊的肉非常松弛，忽悠忽悠的，一方面是因为自身的衰老原因，另一方面也是因为缺乏锻炼。我对付"蝴蝶袖"的方法非常简单，不用花钱跑去健身房练器械，只需要2瓶矿泉水！

我来教你

操作方法

01　双手各握一瓶矿泉水，从两侧向上平举，保持10秒钟然后慢慢放下，做3次。

02　双手各握一瓶矿泉水，向前平举与肩等高，保持10秒然后慢慢放下，做3次。

03　双手各握一瓶矿泉水，上臂保持不动，肘关节向上弯曲保持2秒钟，然后放下，做10次。

每天可早晚各做一次，坚持做下去，你会发现手臂不那么松弛了。这种运动不必挑时间和场合，工作之余、茶余饭后都能做一做。

简单瑜伽动作，3 分钟完美塑型

3 分钟瑜伽小动作　紧塑全身

　　一提到瑜伽估计没人不知道，但很少有人能坚持每天做瑜伽。瑜伽对身体的协调性和塑型都有很好的帮助，其实也不必做很难的动作，每天利用晚上看电视的时间就能做一些简单有效的瑜伽动作。和大家分享一个我每天必做的瑜伽小动作，帮助大家收紧全身，达到塑型的效果。

我来教你

所需道具：瑜伽垫或者普通的靠垫均可。

紧塑全身动作：

01　双膝跪瑜伽垫上，双手按在瑜伽垫前端。

02　保持好身体不动，先将左臂伸出向前，然后缓缓抬起右腿悬空并向后伸直，此动作保持 10~15 秒钟，收回。

03　保持好身体不动，再将右臂伸出向前，然后缓缓抬起左腿悬空并向后伸直，此动作保持 10~15 秒钟，收回。

04　保持好身体不动，将左臂和左腿分别向前后抬起伸出，此动作维持 10~15 秒钟。

05　保持好身体不动，将右臂和右腿分别向前后抬起伸出，此动作维持 10~15 秒钟。

　　以上的动作至少做 3 组，每组时间控制在 1 分钟，3 组则只需要 3 分钟。坚持 2 周后，你会发现小腹收紧了很多，手臂、大腿也更紧实，恢复良好身材指日可待。

空蹬自行车　塑造美腿

　　刚才我们花去了 3 分钟，现在我们再用 1 分钟做一个空蹬自行车的动作，这对于塑造美腿，减掉大腿多余脂肪有非常好的帮助。

我来教你

01　首先平躺在床上或者瑜伽垫上。

02　双手贴在身体两侧。

03　抬起双腿，尽量向空中抬起，然后双脚交替像蹬自行车一样做来回打圈动作。

　　此动作请维持 1 分钟，每天做 1~2 次即可。特别需要提醒的是，随着自己适应这个动作以后，可以将腿逐步抬得更高。

扭一扭 扭出腰部动人曲线

对于腰间有赘肉的人来说，总是会有些苦恼，夏天不敢穿太贴身的衣服，就怕别人看见赘肉在腰间晃荡，虽然说得有点太通俗了，可我说的都是大实话，不信你摸摸你的腰部是不是已经有不少赘肉了？

我来教你

01 想着自己腰间有一个呼啦圈，让腰顺时针转 100 下，然后逆时针转 100 下，当然如果你有呼啦圈也可以利用上。

02 双手叉腰向左侧弯 30 下，再向右侧弯 30 下。

03 坐在椅子上，将身体向左旋转 90° 停留 3 秒钟，再向右旋转 90° 停留 3 秒钟。

04 最后，做提气动作，深呼吸时将肚子向内收，做 15 次。

每天重复以上动作 3 遍，时间持续 3 分钟，效果更佳哦！

伸展运动　塑造美背

　　想要塑造动人的曲线，除了腰部要没有赘肉以外，塑造一个线条优美的背部也至关重要。经常看到有一些人背部脂肪太多，乍一看还以为是米其林宝宝呢。如果你不想被别人叫作米其林宝宝，那么就赶紧练出背部的线条，这样会让你看上去更挺拔更有精神。

我来教你

01　双脚分开与肩同宽，双手由两侧向上举起一直举过头顶并合掌，头部向上抬起，目视双手，举得越高越有效，保持 20 秒，

　　对伸展背部僵硬的肌肉有极大地改善。

02　右手扶住左肩，左手向后伸展，身体随着向后转动，直到自己感觉不能再转为止，停留 15 秒。

03　左手扶住右肩，右手向后伸展，身体随着向后转动，直到自己感觉不能再转为止，停留 15 秒。

　　以上动作可以早晚各做 2 遍，每次做的时间最好控制在 2~3 分钟，这样效果更佳。

　　想要好的身材，不但需要在饮食上做到不多吃，不吃高脂肪高热量的食物，每餐吃到八成饱，坚持做运动，一般情况下半个月就会有效果显现，但是请一定记得贵在坚持！

美丽体态，千万不要忽略颈部

想要有好的体态不单单是要有完美的腿形、紧实的腰部，还特别要注意细节，比如经常被我们忽略的颈部。

通常我们在减肥塑型时，很少有人会想到其实颈部对于提升一个人的体态特别重要，尤其是上半身的体态，适当加强颈部的拉伸锻炼和养护，可以让人看起来更显年轻，体态更轻盈。

我来教你

01　**颈部回望：**自然站立，双手叉腰，身体保持不动，头颈慢慢向左后转，当头部转成侧面时向后上仰起，眼睛向斜上方看，并停留至少 3~5 秒钟。然后回正头部，再向右后转头，并做之前的动作。左右两边各做 5 次。

02　**转头低看：**自然站立，双手插腰，身体保持不动，头颈慢慢向左后转，并逐渐向下方看，停留至少 3~5 秒，换另一边做同样动作。左右两边各做 5 次。

03　自然站立保持身体不动，尽可能地向上抬头，眼睛向上方看，保持 3 秒钟，返回，来回做 5 次，不仅有助于拉伸颈部肌肉，还可以舒展颈纹，让颈部更年轻。

04　自然站立保持身体不动，将头歪向左肩，感觉用耳朵去够肩膀，并停留 3 秒钟，右侧同样。

05　最后，将颈部分别向左和向右转动 2 次即可。

上面的颈部运动，不但可以提升颈部曲线，拉伸颈部肌肉，同时还可以有效预防颈椎疾病，对提升体态有极大的帮助，尤其是久坐办公室的 OL 们，长时间伏案工作及用电脑，极易对颈部造成伤害，因此建议每工作 1 小时就站起来活动活动。

提升臀部性感线条

经常发现有不少女性，整体身材都不错，就是臀部过于松弛下垂，导致失去了整体的美感，而且现代女性长期久坐办公室，气血不畅，引起臀部酸痛、松垮、下垂的情况越来越多。很多女性朋友穿紧一些的裤子时，一下就暴露出了臀部的松垮缺陷，就算拥有姣好的容貌、挺拔的身姿，可臀部却"松松垮垮"，一下就让美丽打了折。

如何提升臀部的线条，让人整体线条更均匀有型呢？其实平常做做提升臀部的动作，效果不错。

我来教你

01 自然站立，身体挺直，臀部夹紧，将双脚跟提起离开地面，保持 5 秒钟，重复 10 次。

02 双手扶住椅子背，左脚着地，抬起右腿向后伸，并与左腿呈 90°，右脚向后伸，保持 2~3 秒，放下，换另一条腿。每条腿做 5 次。

03 扶墙交换腿，双手扶墙，双腿伸直，臀部夹紧，身体和墙呈 35° 左右，然后双腿交替抬起放下，就像做高抬腿一样，有效塑造臀部及大腿部分的线条，每次做 15 次。

04 坐在床上，双腿弯曲，用双手握住双腿，然后夹紧臀部，用力抬起弯曲的双腿，努力将双腿拉向身体一方，此时你会感到臀部在用力，每回做 5 次，做 3 回。这个动作不仅可以紧致臀部，而且还有助于收腹。

平时繁忙的工作让我们都没有时间做运动，女性本来就容易造成臀部脂肪堆积，如果生完小孩更容易造成臀部下垂。平时在办公室里或者在家里都可以多抽出一些时间做做提臀动作，只要坚持一段时间就会有效果，所以女性朋友们一定要加油哦！

自制轻体餐
好身材吃出来

　　很多人无法抵挡美食的诱惑，甚至晚上还要加餐，所以多吃出来的部分就变成了你身上的肥肉，再加上 OL 们上班时，不是订餐就是随便到楼下最近的餐厅就餐，先不说干净与否，光是那些油腻腻的饭菜，就能把一个身材纤瘦的 MM 活生生地变"丰满"。也许这么说你觉得有点夸张，但仔细想想就会发现，自己的确在一天天长肥肉，小肚腩出来了，脸圆了，这个时候想减肥，就有难度了。其实上班族也好，非上班族也好，自己动手做一顿轻体餐带到公司当午餐，既能保证营养均衡，还不会造成发胖，也杜绝了吃地沟油的危险。

我来教你

　　< 轻体缓压三明治 >，所需食材：全麦面包土司、彩椒、生菜、一片肉（不要用猪肉）、一个煎鸡蛋、番茄切片。

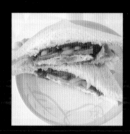

这个三明治做法非常简单：

01　在一片全麦吐司上先垫上一片生菜，生菜要用圆生菜。

02　然后将煎好的鸡蛋放在上面，再将一片肉铺在鸡蛋上。

03　然后把彩椒切成丝，撒在肉片上。

04　将番茄同样切成薄片，平铺在彩椒丝上。

05　最后将另一片全麦吐司面包盖在上面。

06　用刀将做好的三明治对角切开，变成三角形。

　　现在一款低卡路里但营养均衡的轻体缓压三明治就大功告成了，你可以做几份装在餐盒里，带去办公室，无论是早餐还是午餐都很合适哦！

Chapter 3
解决问题肌肤的独家秘籍

击退眼部干纹，眼周水灵灵

　　要说我们肌肤哪里最容易干燥，也许你会说脸颊、手肘或是脖子？这些答案都不能说错，但如果按照肌肤不同位置含水量来说，眼周是最容易出现干燥问题的，也许你用肉眼看不出来，但因为眼部肌肤只有其他部位的三分之一厚度，并且没有油脂分泌也没有什么角质层，因此眼周肌肤相当脆弱，也最容易出现干纹的情况，如果不加以重视很可能就提早变成永久性的眼纹，那么我们应该如何避免眼周干燥，让双眼充满神采呢？

我来教你

01　眼霜的使用： 眼周干燥则需要用保湿型眼霜，这种眼霜多为啫喱状或者轻薄的乳霜质地，由于眼周肌肤过于干燥，我们可以多用一点量，2 颗黄豆粒大小量比较适合缓解眼部干燥，将眼霜分别点在眼周，然后以按压的方式将眼霜按均匀，之后再用指腹轻轻按摩，从眼头开始，依次按摩到上眼皮、太阳穴、下眼皮至眼霜被完全吸收。

02 **加强保湿法：** 在极为干燥的部位，重点涂抹一层眼部保湿啫喱（乳），然后将化妆棉用热水打湿，贴在上面 1 分钟，让温度舒缓肌肤，同时加速保湿成分快速舒缓干燥部位。

03 **眼膜加温法：** 每周用 3 次保湿眼膜，有助于缓解眼周干燥的问题，特别想和大家分享的是，把保湿眼膜贴好后，可以将双手搓热，用手掌捂一会，让眼周形成相对密闭的空间，温度可以帮助眼膜发挥更佳的效果，另外可以将没拆封的眼膜泡在 30℃的温水中，然后再使用，当然水温一定不能过高，以免破坏其保湿成分。

心水推荐

OLAY 水漾动力莹眸走珠精华笔　6ml

　　特别的走珠设计，轻柔按摩眼周，帮助从外观上减少眼部浮肿，抚平眼部细纹。这款产品使用时也非常简单，按压笔尾按钮，笔头滚珠就会释出适量精华乳。笔头有三个合金珠头，平滑轻柔，能够很好贴合眼周穴位，并做到 360° 旋转，可以使眼周肌肤均匀受力，并起到舒缓按摩眼周的作用。

烦人鱼尾纹，怎样减淡它？

随着年龄的增加，肌肤会逐步衰老，这是不可逆的自然规律，在这个规律中我们眼部往往率先出现老的迹象，尤其是鱼尾纹，人到 25 岁以后，鱼尾纹基本上都会或多或少地出现，开始是短而浅的小细纹，往后就变成了长而深的鱼尾纹，如果在 25 岁之前的一年中给眼部肌肤有效护理，那么鱼尾纹可以晚出现好几年，即便是已经出现小的细纹，只要认真护理，我们完全可以让鱼尾纹不加深。

我来教你

01　准备一支抗老眼霜，取出黄豆粒大小量分开点在眼周。

02　用无名指指腹轻拍，将眼霜拍均匀，而不是上来就直接涂抹，以免造成脂肪粒。

03　用一只手的中指和无名指在眼尾处向上微微提起，并固定好位置。

04　用另一只手的无名指在眼尾有细纹的地方打小圈按摩，必要时，增加一些抗老眼霜按摩至吸收。

05　最后保持眼尾固定不变，用指腹轻轻按压数次，松开，另外一边眼尾也这样做。

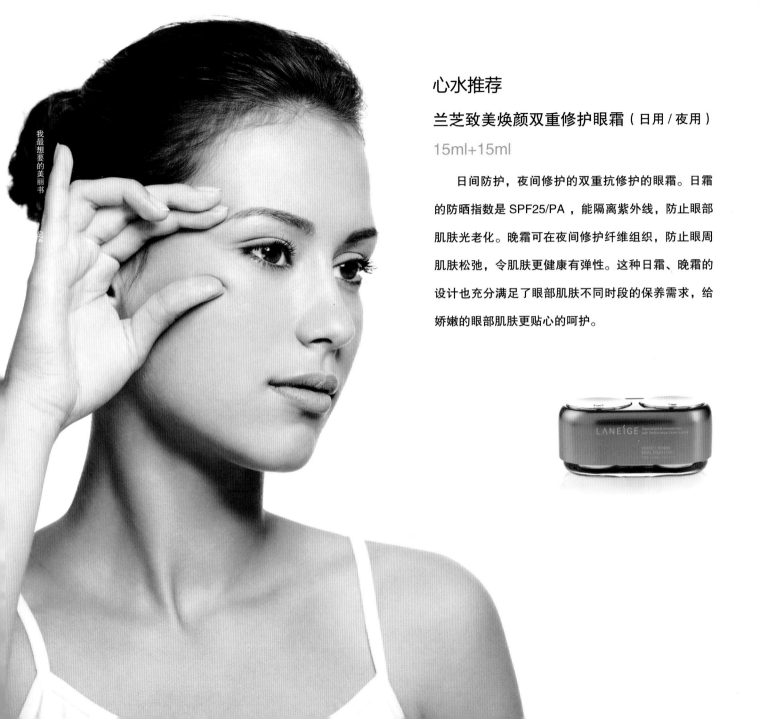

心水推荐

兰芝致美焕颜双重修护眼霜（日用 / 夜用）

15ml+15ml

　　日间防护，夜间修护的双重抗修护的眼霜。日霜的防晒指数是 SPF25/PA ，能隔离紫外线，防止眼部肌肤光老化。晚霜可在夜间修护纤维组织，防止眼周肌肤松弛，令肌肤更健康有弹性。这种日霜、晚霜的设计也充分满足了眼部肌肤不同时段的保养需求，给娇嫩的眼部肌肤更贴心的呵护。

LANEIGE

赶走眼部浮肿，金鱼眼不再来

曾经以为只有高度近视的人，眼睛才会鼓鼓的，谁曾想，随着现代人用眼过度，每天对着电脑、手机的时间远远超出合理范围，以及没规律的生活作息，导致身体排水不佳，使得双眼浮肿现象越发突出，远远看去就好像两个"死鱼眼"。

对于我来说，每天工作时间也经常超过 8 个小时，有时候为了赶稿子也会熬夜，但是我一丁点儿眼部浮肿问题都没有，想知道我的秘诀吗？

我来教你

赶走眼部浮肿手指操

01　将眼霜分开均匀点在眼周肌肤，用指腹轻拍均匀。

02　用无名指和中指指腹从眼尾开始，向眼头推送，力度不要过大，以便起到引导疏通眼周水肿。

03　疏通到眼头后，将中指和无名指分开，分别从上眼皮和下眼皮向后推送。

04　继续推送至太阳穴后，将二指推送到耳后，并向下沿着颈部推送至锁骨凹陷处。

　　以上的动作每只眼周肌肤做 5 次，每天晚上涂抹眼霜后进行，坚持做下去，你会发现眼周浮肿现象减轻了，并且还可以预防眼角下垂。

心水推荐

雪花秀闪理紧致眼霜　　25ml

　　修护眼角皱纹、黑眼圈、浮肿等眼周肌肤问题的韩方眼霜。6 年生红参皂苷成分能卓越改善眼周肌肤皱纹，甘菊和蜂蜜成分则可促进肌肤循环，改善黑眼圈。内含的蜂蜜成分有较强的保湿功效，能够持久保持眼周肌肤的水润与活力。

10 分钟，经济实惠祛除黑眼圈

　　眼周问题往往不是单一的，经常伴有眼袋、浮肿，还有黑眼圈的问题。黑眼圈长期困扰着很多人，尤其是上班族、夜猫子们，也许你会说，我也用了眼霜，也按摩了，可是黑眼圈还是挥之不去，怎么办好呢？

　　要想解决黑眼圈，除了要使用眼霜和按摩缓解，其实一些小窍门往往能达到意想不到的效果，现在就和大家分享我常用的祛黑眼圈小窍门。

我来教你

祛除黑眼圈小窍门

01　取少量绿茶，用热开水冲泡开。

02　取泡开的大片茶叶，贴在黑眼圈的部位，等待 3 分钟后取下。

03　接着，把毛巾浸泡在热水中，之后拧干，将毛巾卷成"春卷"状，用"春卷"的边缘按摩黑眼圈处 2 分钟。

04 将眼霜均匀涂抹在眼周，再把热毛巾敷在眼周肌肤上，

1 分钟后取下。

05 最后，双手点拍黑眼圈位置即可。

　　绿茶含有丰富的茶多酚，可有效抗氧化并清除活性酶，对于肌肤抗老、活化肌肤都大有帮助。上面的小窍门我是百试百灵，希望能够帮助到"熊猫眼"的朋友们。

不做"斑"干部，重现白皙无瑕

在众多的皮肤问题中，长斑算是比较难解决的问题了，因为它们太顽固，又因为我们平时过于疏忽，所以让斑点挥之不去，那么这些顽固的斑斑点点到底是怎么形成的？我们为什么会长斑？知道形成的原因，我们才能从根本上预防斑点的产生。

斑点形成的原因

01 新陈代谢缓慢或内分泌失调，往往会出现便秘，很容易让斑点显现在肌肤上。

02 过大的压力，造成肾上腺素过多地分泌，人体内失衡，色素母细胞就会变得活跃起来，此时容易形成斑点。

03 紫外线，研究表明紫外线是造成晒斑形成的罪魁祸首。

04 过度护肤，导致肌肤受损，皮肤为了抵御侵害而聚集麦拉宁色素，而出现色素沉淀问题。

05 肌肤衰老及氧化，也是造成肌肤变黑及斑点形成的因素之一。

06 日常作息不规律，昼伏夜出，导致黑色素加速出现。

07 遗传因素导致自身斑点出现。

以上因素都是产生斑点的原因，有外因也有内因，而且很复杂，所以我们一定要以预防斑点为主，如果斑长出来了，那么想祛斑将会是一个漫长而反复的过程。

我的脸上看不到斑，就代表真的没有斑？

　　有好多人皮肤看上去挺不错，白皙也有光泽，于是就很骄傲地认为自己没有斑，其实很多人的斑是隐藏在皮下的，之所以没有在皮肤表面显现是因为还没到那个程度，而皮下的斑点我们用肉眼是看不到的，一般在皮肤表面看到的一个黑痣大小的斑点，其在皮下的斑是表皮看到的几十倍，可想而知，这也是为什么斑点去掉不久，又会长出来的原因，因为你去掉的只是表面的斑，其根源在皮下，而一般的淡斑产品很难达到真皮层，所以才会循环往复地出现斑点。

　　因此，即便是你的皮肤表面看不到一点斑，也不能代表你就绝对没有斑，所以日常的美白工作就很重要，即便是你的皮下有斑，通过日常的美白工作，也能够控制其不会表现在表皮上，还是那句话，预防很重要。

筑起防护网，预防斑点慢生长

　　既然控制斑点重在预防，那么我们应该如何正确预防呢？有没有简单而有效的方法呢？其实每天的护肤工作中，我们只需要多加一个小程序，就可以将日常护肤和预防斑点结合起来，也不会很麻烦。

我来教你

01　化妆水请持续使用单纯保湿型，以保证肌肤从第一层护肤开始是水润的，有了好的肌底才能保证肌肤的亮泽度，这也是很重要的。

02　将普通精华换成美白精华或者淡斑精华，重点涂抹在脸颊部位，因为这里最容易起斑。

03　使用过美白精华后，在重点区域，比如脸颊位置，可以用精油产品重点预防，直接购买复方美白精油涂抹就可以，如果你想自己调配也可以，因为精油是唯一可以深入到肌肤底层进入人体的植物精华，因此对预防斑点有不错的效果。

04　使用完美白精华及精油后，请再涂抹一层保湿精华，记住一定要先用美白精华再覆盖一层保湿精华。

05　保湿精华之后，请使用保湿乳液或者面霜，最后记得涂抹防晒霜。

　　无论你是想预防斑点，还是对付刚出现的斑点，都可以利用上面的方法来淡斑、祛斑及预防，但贵在坚持，不能三天打鱼两天晒网，否则就会前功尽弃，白皙的肌肤需要日常细致持久地护理，这点不容马虎！

正确有效祛斑实战法　斑点一天天淡了

如果你还看不到肌肤表面有斑点，那么你可以稍微松一口气，只要认真做美白工作，斑点就不会轻易地长出来，但如果已经有了斑点，就需要一步步地淡化它们，千万不要以为斑点可以很快消失，更不要相信有什么产品可以快速祛斑，因为我们的斑点也是一点点形成的，跟反映在肌肤表皮一样，需要一个缓慢的过程，那么祛斑也是一个相对缓慢的过程，但不代表我们没有办法，只是需要一些耐心。

我来教你

01　美白化妆水淡斑，将化妆棉浸透于美白化妆水中，利用湿敷的方法，给肌肤第一层美白护理，敷面时间为 5 分钟最佳，这一步是让肌肤开始适应美白成分，为后面的淡斑工作打基础。

02　在脸颊容易长斑的位置，敷上一层厚一些的美白精华停留 5 分钟，按摩至吸收。

03　利用精油帮助淡斑，**这里给大家一个配方：2 滴玫瑰 +2 滴玉兰 +2 滴橙花 +10ml 荷荷巴油**，调好后用于有斑点的位置，直接涂抹或者滴在化妆棉上进行敷面均可，由于精油可以渗透到肌肤底层，因此利用精油淡化斑点效果更好，当然你也可以利用上面给的配方，调和一定的美白乳或者霜进行护肤，如果你不会调配精油也无妨，可直接购买复方美白精油会更加方便安全。

04　另外有一些小窍门淡斑效果也不错，如利用珍珠粉祛斑，每次在化妆水或者美白精华中加入一些，在有斑的地方用珍珠粉打圈按摩，坚持使用斑点会减淡。

05　喝新鲜的胡萝卜汁也有助于淡斑，其中的维生素 A 对减少肌肤粗糙度和淡斑有一定效果，当然利用胡萝卜汁敷面也有相同的功效，另外番茄汁也有非常好的美白效果，不妨多喝番茄汁和胡萝卜汁，从内滋养肌肤，并起到淡斑的作用。

06　无论你用了什么淡斑的方法，都不要忘记防晒，这点很重要哦，不然你的淡斑工作就等于白做了。

以上的淡斑方法，都需要长期坚持。日复一日地做下来，你会发现斑点在一点点地变浅，只要有决心就能将斑控制住，并逐步改善。

心水推荐

01 兰蔻精准淡斑臻白精华乳　30ml

突破性 Melanolyser 色斑吞食科技，如激光般精准，一举吞食黑色素，彻底淡褪斑点。柔和精细的质地中蕴含着全球领先的美白淡斑科技，效力直达真皮层的三维美白功效，能从真皮层自下而上，表皮层自上而下，净化色斑环境，有着无与伦比的淡斑、美白效果。

01

02 阿芙橙花精油　10ml

国内销量第一的精油品牌。这款橙花精油作为单方精油是不可以直接用于皮肤的，所以需要混合基础油后才可以使用，并且一定要控制用量，一般来说一滴 +5ml 基础油。橙花除了可以美白，还有镇静安神的功效，晚上用香薰的方法，闻着温柔甜美的花朵芬芳，有助于改善睡眠。值得一提的是，橙花精油还可以安抚宠物的情绪呢！

02

告别恼人的"草莓鼻"

何为黑头粉刺

　　黑头（草莓鼻）其实是一种开放性粉刺，主要由皮脂、细胞屑和细菌形成的一种"栓"状物，阻塞在毛孔中，加上氧化作用，逐渐变成黑色，这就是我们所说的黑头。

黑头粉刺的禁忌

- 不认真洗脸，导致废旧角质无法祛除，堆积毛孔内形成黑头。

- 使用含有矿油、动物油的保养品。

- 不用防晒霜隔离防紫外线，会导致黑头加速形成。

- 经常吃脂肪多、高糖、油炸等食物。

- 用手挤粉刺，很容易让皮肤发炎。

- 长期用鼻贴，黑头不仅不能连根拔除，反而造成毛孔增大。

- 轻信各种 DIY 偏方，反而伤害皮肤。

我来教你

三步骤 助你扫除黑头

01　**清除黑头第一步：热敷**，将热毛巾敷在鼻子部位，帮助软化角质同时有助于毛孔打开。

02　**清除黑头第二步：清洁，**使用洁颜油＋洁面膏，代替所谓的黑头导出液。一般洁颜油分子非常小，可以渗透毛孔将油脂和黑头软化溶出，洁颜油中的乳化剂可以快速渗透到毛孔中发挥深层清洁的作用，一般在黑头处按摩1分钟左右，小的黑头很快被软化，如果是大颗黑头，则需要多按摩一会，还可以用保鲜膜敷在鼻部并进行按摩，有助于大颗粒的黑头溶出，最后利用粉刺棒将大颗黑头挤出来即可，不要忘记还要使用起泡的洁面膏进行后续清洁，确保没有残留的洁颜油在肌肤上。

03　**清除黑头第三步：收缩毛孔，**使用冰镇的爽肤水倒在化妆棉上，湿敷在鼻子上3分钟，让刚刚清除过黑头的肌肤得到舒缓镇静，并且冰敷有利于收缩毛孔，减少新生黑头的形成。

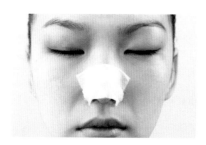

　　黑头的形成并非一日，所以想要清除黑头也需要坚持和耐心，只要每天认真做到以上三步骤，你会惊喜地发现黑头一天比一天少了，值得提醒大家的是，没有哪个产品可以一次把黑头清除干净，严重的黑头则需要到正规美容院拔除。

护理品的选择

　　祛除黑头还需要使用一些护理品帮助减少黑头的产生，在挑选产品时不妨看看成分，一般情况下不饱和脂肪酸容易让黑头粉刺产生，而酰基甲基牛磺酸，它是氨基酸的一种，可以抑制不饱和脂肪酸的产生，从而杜绝黑头生长，并且还不会破坏角质层。还有红没药醇，它非常安全并且有良好的肌肤相容性，具有抗炎抑菌作用的活性成分，也特别适用于有粉刺的肌肤。另外含有金缕梅、果酸、水杨酸类的产品也有很好的去黑头和抑制油脂的功效。

　　由此我们在挑选产品时，不妨看看成分表里有没有以上成分，这些成分对抑制黑头都有不错的效果。

战 "痘" 大行动，
肌肤清爽无负担

　　众所周知，在各种肌肤问题中，痘痘是最令人头痛的，无论你是青春痘、上火痘还是成人痘，总会让我们觉得面子上不好看，还经常会留下痘印或者痘坑，面对痘痘们我们往往束手无策，难道就真的没有办法对抗痘痘吗？我给出的答案是：有办法！

　　对于不同的痘痘我们要区别对待，一般来说青春痘是年轻人常见的一种痘痘，由于激素分泌旺盛导致痘痘频发，这是我们每个人在青春期都会遇到的问题，那么对于青春痘我们应该怎样预防呢？

01 **预防青春痘：** 不要用手碰痘痘，更不要去挤。

虽然大家都有这个意识了，但是还是忍不住会去挤痘痘，要知道手上的细菌很多，而痘痘多发于三角区周围，如果用不干净的手去挤痘痘，很容易造成感染，更可怕的是会留下痘坑，而痘坑是用任何护肤品都无法改善的。

02 **预防上火痘：** 如果你长了上火痘，则要先审视一下你最近的饮食了，最容易造成上火痘产生的原因就是不忌口！尤其是辣味和油炸的食物，虽然吃着过瘾，但后患无穷！吃了你就等着长痘痘吧！所以切记要少吃刺激的食物，这是预防上火痘最简单和有效的方法。

03 预防成人痘： 成人痘的起因很多，但是与工作压力、作息、内分泌紊乱有着密切的关系，成人痘出现以后还会连带脸色暗沉、多油等情况，对于现在的人来说这种成人痘越来越普遍，现在加班加点，以及不正常作息的人太多了。一方面可能是工作原因，另一方面一些宅男宅女喜好熬夜，这也是重要原因之一，因此想预防成人痘就要尽可能地调整自己的生活习惯和作息时间，这才是预防的根本之道。

上面讲的是如何预防各种痘痘，接下来我们再聊聊如果已经长了痘痘怎样消除它们，或者说是如何帮助减少痘痘。

我来教你

我也属于经常就会冒出痘痘的体质，而且是比较红、比较疼的那种。在痘痘出现的第一时间，我会使出撒手锏将痘痘扼杀在摇篮里，这样痘痘就不会越来越大、越来越红肿，下面和大家分享我的快速消痘技巧。

我的消痘技巧

01 在痘痘处进行清洁时，我会用化妆棉蘸上清水在痘痘处进行擦拭，而不是用洁面膏清洁，洁面品的清洁成分往往会让痘痘处变得干燥，因此我只用清水擦拭，这样通过反复擦拭完全可以达到清洁的效果（当然前提是没有化妆的情况下）。

02 使用含有祛痘消炎成分的产品，比如茶树精华、茶树精油等，它们就可以起到消炎祛痘的效果，重点点涂在痘痘处，便于快速对刚生长出来的痘痘进行消炎，让痘痘不易继续扩大，每天可以分早中晚三次来点涂。

03 晚间使用一层温和保湿并兼顾消炎镇静效果的面膜，这样既可以在夜间给皮肤补充水分，又可以持续对痘痘肌肤进行消炎，增强肌肤免疫力，让肌肤在夜间逐步调整水油平衡，肌肤状态好了，痘痘就不易增多和扩大，从而有效预防和改善痘痘肌肤。另外在挑选面膜时也可以特别选择含有茶树成分的面膜，尤其是在夏天，清爽镇静的面膜，可以给痘痘粉刺肌肤带来更温和的保护和有效的修护。

　　痘痘肌肤需要特殊的护理，一方面要保证肌肤尽可能地水油平衡，营造良好的肌肤环境，另一方面也要加强在痘痘肌肤上的消炎镇静工作，以此来预防和改善肌肤情况，发现长痘了，一定不要用力挤，这只会留下难以去除的痘印和痘坑，其实痘痘成熟后会自行消退，只是这个时间会比较长一些，痘印的消除也需要一个较长的过程，因此痘痘肌肤的护理必须要有耐心，切不可心急，以免造成永久痘印和痘坑，那就不划算了。

心水推荐

宠爱之名清爽快乐晚安冻膜　　150ml

　　可用于睡前保养的最后一道步骤，在睡眠的同时加强保湿。这款冻膜质地清爽保湿、完全不含油脂，可以提供油水平衡修护，7 天内完全调理油脂平衡，并改善夏日出油问题。此外，这款冻膜也可当成急救圣品，厚敷在痘痘处，能有效抑制发炎痘痘，预防粉刺生成，还原美丽无瑕肌质，达到加分效果。

预防皱纹，
从生活习惯做起

皱纹，一个随着年龄增长而不能忽视的话题，首先我们要理智地对待皱纹，做到提早预防，第一道皱纹出现，也不必惊慌，因为提早的预防措施，已经让你的皱纹出现得比别人晚几年了。当然皱纹是不可逆的自然规律，因此我们不要相信能快速祛皱的"神话"，而是应该以预防为主，同时不让已经出现的皱纹加深，这才是理性抗老，那么我们应该如何预防皱纹过早出现呢？我想说的是，预防皱纹要从改善生活习惯做起。

我来教你

01 不熬夜，皮肤细胞分裂加快的时间为夜晚，此时也是皮肤自我修复的关键时间，如果经常熬夜，就相当于自己放弃皮肤自行修复，久而久之，皱纹肯定提早出现。

02 不要过度拉扯肌肤，有人在面部做按摩时用力过大，导致拉扯到肌肤，尤其是眼部的肌肤非常薄，稍微力道大一些，就很容易造成细纹过早出现。

03 一定要注意肌肤的基础保湿，肌肤充满水分才不容易产生皱纹，因

此在基础护理时，记得用一些保湿精华打底。

04 必须要防晒，有资料表明，紫外线是造成肌肤衰老、皱纹产生的元凶。

05 化妆后必须用卸妆产品卸妆，而不是用洁面膏卸妆，彩妆的残留很容易造成肌肤过早老化。

06 不要抽烟，1支香烟中的尼古丁可以杀死一只大白鼠，吸烟会扰乱人体的皮肤更新机制，从而导致皮肤出现皱纹。

07 三餐要有规律并合理膳食荤素搭配，保证每天人体所需维生素。

08 少喝饮料，多喝白开水是最自然健康的补水方式。

减淡预防法令纹按摩法

在我们面部有几个部位特别容易产生皱纹，其中有一种叫法令纹，它从鼻翼开始一直延伸到嘴角，就是我们俗称的八字纹，如果这种皱纹出现或者加深，会让我们看上去充满老态，如何能有效减淡及预防法令纹呢？

我来教你

01　首先，将面部清洁干净后，先用保湿精华或者保湿乳液滋润法令纹部位。

02　用抗老产品重点在法令纹位置进行按摩：

- 先用一只手将一侧法令纹部位肌肤轻轻向上提拉，并固定不动。

- 再用另一只手的无名指取出适量抗老产品，分别点在法令纹部位。

- 以无名指指腹从鼻翼开始打小圈向嘴角方向按摩，另一侧法令纹同样操作。

- 用手掌鱼际位置轻轻按压按摩过的法令纹部位，帮助舒展法令纹。

03　法令纹较深的人，可重复多做几次以上的按摩动作，能有效预防及减轻法令纹。

心水推荐

雪花秀滋盈生人参凝萃焕颜修护霜　　60ml

　　内含人参根部与果实的核心成分，可以促进肌肤细胞再生，不仅为肌肤表面提供营养与水润，还能从深层起到紧实肌肤、再生焕颜的神奇功效，是一款重现健康美丽肌肤的全能抗老型面霜。

抬头纹提拉紧致按摩法

抬头纹的出现会造成整个人气场下降，所以我们不能放任不管，对于抬头纹的预防和减轻，通过按摩提拉等方式可以达到较好的效果。

我来教你

01　每晚清洁爽肤过后，在额头涂抹一些滋润抗皱产品，乳液或者面霜均可。

02　用双手手掌交替从眉心开始向额头上方做提拉动作，一直到发际线边缘，交替做 15~20 次。

03　双手并拢，从眉心开始向额头两边横向按摩至太阳穴，在太阳穴处以中指和无名指按压太阳穴并向上轻拉，重复 15~20 次。

04　最后以掌温按抚额头片刻。

心水推荐

雅诗兰黛奇迹丰盈抗皱精华露 30ml

一款非常好用的抗老精华，是雅诗兰黛小棕瓶（anr）的抗老升级版。使用后，皮肤立现丝滑触感，长期使用可以有效抚平肌肤皱纹，并且明显改善肌肤松弛下垂、法令纹凸显加深、肤色暗淡无光等问题，可修护肌肤自身胶原再生能力、抗皱、紧致、饱满，一气呵成！

超干肌肤的保湿技巧

　　众所周知，肌肤可以分成中性、干性、油性三大类别，其中干性肌肤可以说是最为脆弱的，因为皮肤过干会引起皱纹的出现，同时也让肌肤的抵抗能力迅速下降，皮肤的油脂分泌过少，会导致肌肤失去光泽，皮下细胞不能充盈，也能导致皮肤显得没有弹性，因此干性肌肤更容易衰老。如果你的肌肤属于干性或者超干肌肤，那么一定要多多补水，让肌肤保持较为平衡的状态。此外，干性肌肤也需要更深层的补水保湿效果才能保证肌肤丰盈饱满，这就需要花费一点时间了解一些知识，从而有效保护干性肌肤。

我来教你

01　首先，从洁面品的选择上来说，要选择不起泡沫的洗面奶，最好是低敏的。

02　每天洗脸不超过 2 次，最多就是早晚各清洁一次。

03　不要使用含有酒精的产品，尤其是化妆水，酒精可以软化角质从而带走死皮，但干性肌肤本身角质层就脆弱，因此不要再雪上加霜。

　　以上是几个需要注意的方面，下面来和大家分享一些给干性肌肤保湿的小窍门，希望能够帮助到干性或者超干肌肤的朋友。

01 洗脸过后，我们先用一层保湿精华深层快速补水，将精华在掌心加温后，直接按压在肌肤上，而不是直接涂抹。

02 使用完保湿精华后，对于超干肌肤来说，可以迅速使用一层植物油进行追加保湿，植物油可以是荷荷巴油、葡萄子油这类，对于缓解肌肤干燥效果非常好，同时帮助锁住肌肤水分，这里说的不是精油，而是植物基底油。

03 在使用植物基底油之后，再涂抹一层保湿乳，然后，无须按摩至吸收，此时快速用蘸满保湿化妆水或者植物油的化妆棉，覆盖在肌肤上，让肌肤完全处于滋润的环境中，至少等待 2 分钟。

04 揭去化妆棉，用手在面部按摩至产品吸收后，再涂抹一层保湿霜或者保湿乳，作为最外层的辅助锁水层。

05 最后不要忘记涂抹一些防晒霜或者隔离霜。

　　经过以上的护理，你会发现肌肤的锁水能力提升了，而且干燥的感觉减轻许多，并且保湿时间有所延长，值得提醒的是，如果你是一名 OL，那么就要注意办公室内的干燥环境，随时用喷雾纾解肌肤干燥，并且多喝水。喷雾喷过脸后，记得要用纸巾按干，不要等待其自己风干，以免带走肌肤原本的水分，反而更干燥。

心水推荐

01　宠爱之名柔致保湿双效玻尿酸精华液　30ml

　　突破以往保湿保养品的纯粹补水观念，独家创新"复合渗透导水科技"，结合大小分子玻尿酸以及锁水因子，大量抓取空气水分，微米式渗透浸润肌底层，最后一层保水网紧紧锁住水分，建构最完善的保湿系统。

02　阿芙荷荷巴油　100ml

　　荷荷巴油被誉为"液体黄金"，清爽滋润、不油腻，保湿锁水、柔软肌肤，被专业芳香师视为最佳的面部用油，使用后能保持皮肤水润度，防止皱纹的产生。这款精油使用方法很简单，取适量荷荷巴油直接涂抹于面部，或者与其他精油和护肤品混合后，均匀涂抹于面部或身体，轻柔按摩完全吸收为止。

01　　02

敏感肌肤的护肤之道

一年有四季，每个季节都有不同的气候特征，而这也影响着我们肌肤的变化，比如春天就属于皮肤敏感多发期，又比如每到换季时我们的新陈代谢都会发生变化，从而让肌肤变得敏感，当然有很多人原来并不是敏感肌肤，可能后来逐步变成敏感肌肤，这很可能是滥用护肤品或者不正确护肤造成的。

对于敏感型肌肤来说，无论是从清洁品还是后续护肤品都要格外注意，应选择既不会刺激到肌肤还能给肌肤温和修护的产品，这才是护理敏感肌肤的正确之道。

我来教你

01 使用温和洁面品，这类洁面品不会对肌肤造成刺激，活性界面剂比较少，非常适合敏感肌肤使用。

02 为了避免敏感肌肤泛红情况，可以利用菊花茶水在面部擦拭或者湿敷，菊花本身具有抗敏感的作用，既可以饮用增加皮肤抗敏感的能力，还可以外用。

03 使用成分简单的产品，不要使用含有酒精、色素、动物油类的产品。

04 敏感肌肤不要进行去角质工作，也不要使用含有磨砂颗粒的产品。

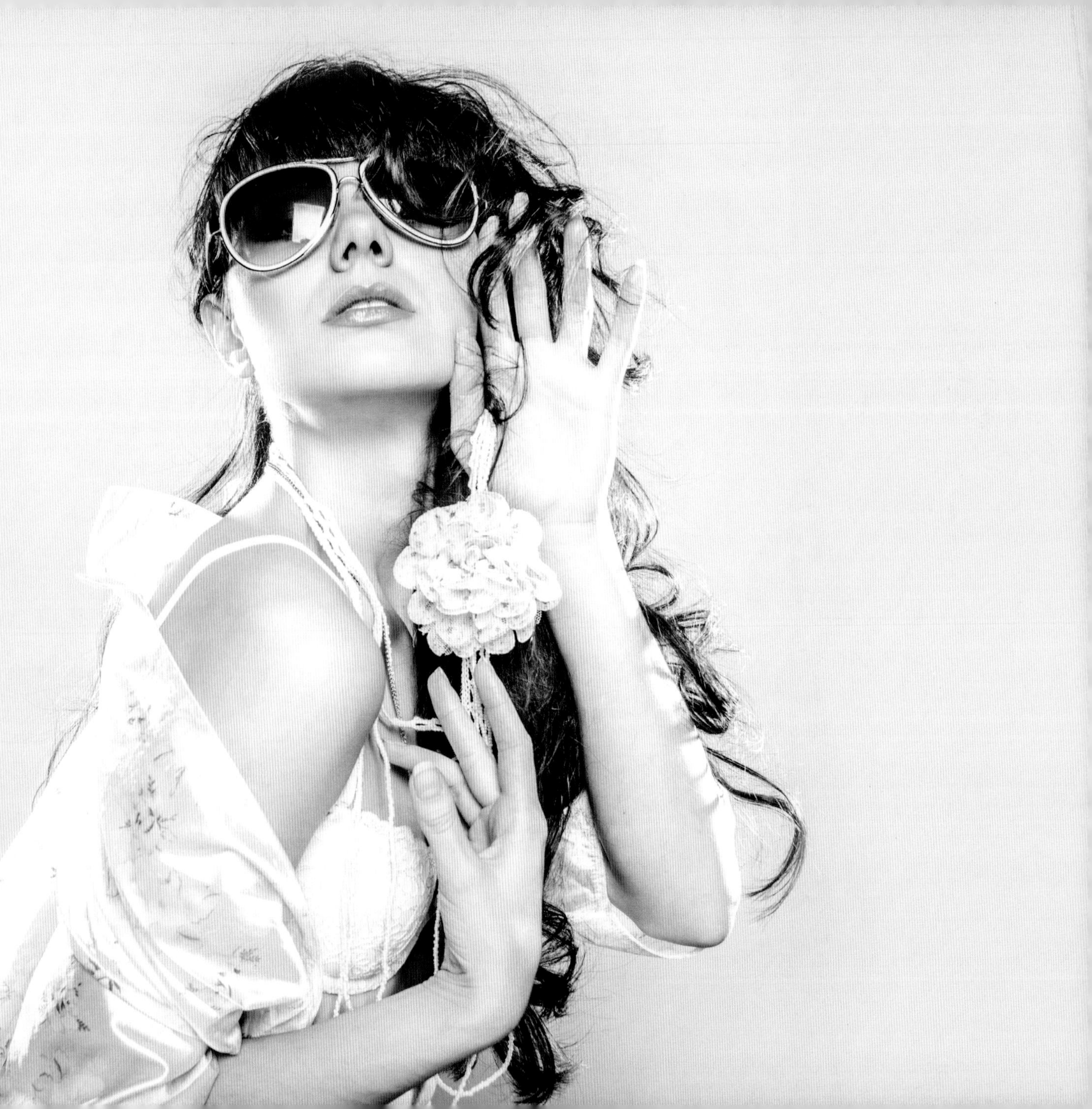

05 敏感肌肤不要使用高机能精华，比如抗老、美白类的产品，可以使用温和的保湿类精华，使用时也请用双手按压肌肤，不要过多拉扯按摩。

06 春季敏感肌肤，可将蜂蜜＋花粉调和后饮用，从内部调节做到抵御季节性敏感。

07 饮食方面，不要吃辛辣刺激的食物，可日常吃一些维生素保健品增加肌肤的抵抗力，另外红枣、胡萝卜、金针菇对缓解肌肤敏感有一定帮助。

08 一旦敏感症状持续不减，即可停止使用一切护肤品，只维持好基础清洁工作，尽快去皮肤科就医。

　　对于敏感肌肤的人来说，日常的保护要格外谨慎，尽量做到用简单成分的护肤品，作息要规律，饮食尽量清淡一些。此外，日常锻炼身体对于减轻敏感症状也非常有益处，总之敏感肌肤要比其他性质肌肤多用一份心。

Chapter 4
从头到脚都要美丽

养出飘逸秀发

洗发水直接用！错！

洗头发谁不会？还真别这么说，没准你正在用错误的方法洗发，你的秀发每天正经受着"伤害"，也许你会感到疑惑不解，难道每天清洗头发还洗出错了？其实错不在每日清洗头发，而是错在你使用洗发水的方法上，相信很多人都是直接把洗发水倒在头发上，或者倒在手中就直接开始洗发了，殊不知这样的方法大错特错了，这样做虽然可以洗净头发表面的污垢，但同时也伤害了你的头皮。

头皮实际上非常脆弱而且很薄，因为有毛囊的存在，如果将洗发水直接接触头皮，很容易堵塞毛囊，更谈不上健康清洁头皮了。

其次，我们在使用洗发水时，一定要在手中先打起泡沫再用于头发清洁，因为这样才能溶解污垢，就如同洁面膏一样的道理，如果你不打起泡沫又怎么能洗干净脸呢？

还有，很多人喜欢从头顶开始洗发，将洗发水一股脑放在头顶，然后开始一通揉搓，先不说洗发水未起泡就接触头皮已经错了，再说这乱揉的结果就是头发干了以后像鸡窝一样毛糙，因为你已经把头发的毛鳞片洗得乱七八糟了！所以洗发时，请将打出泡沫的洗发水顺着头发从上至下捋着洗发，这样等干后，头发才能既顺滑又服帖。

勤梳头让发根稳固不脱落

绝大多数人都有这样的烦恼——脱发！这个困扰已经不仅局限于中老年人了，年轻的男男女女也纷纷有了脱发的问题，一方面工作压力大容易导致脱发，另一方面环境的恶化、不良的饮食及生活习惯，也是造成过早脱发的根源。

对于脱发这个问题，要从几个方面来看，如果是因为生理原因脱发，这属于不可逆的因素，我们不能让头发不脱落，但也能让头发掉的少一些，慢一些。如果是脂溢性皮炎造成的脱发，那么请先去皮肤科就诊，待皮炎好转后，头发自然掉的就会少许多。最后，因为工作生活压力等因素造成的脱发，一方面尽量调整生活习惯，另一方面多做做头皮按摩护理，也可有效减少头发脱落的数量。

最简单的方法就是利用梳头的方式，让发根康健稳固，从而达到减少掉发的情况，梳头也可以利用手指和梳子同时进行，方便有效易操作。

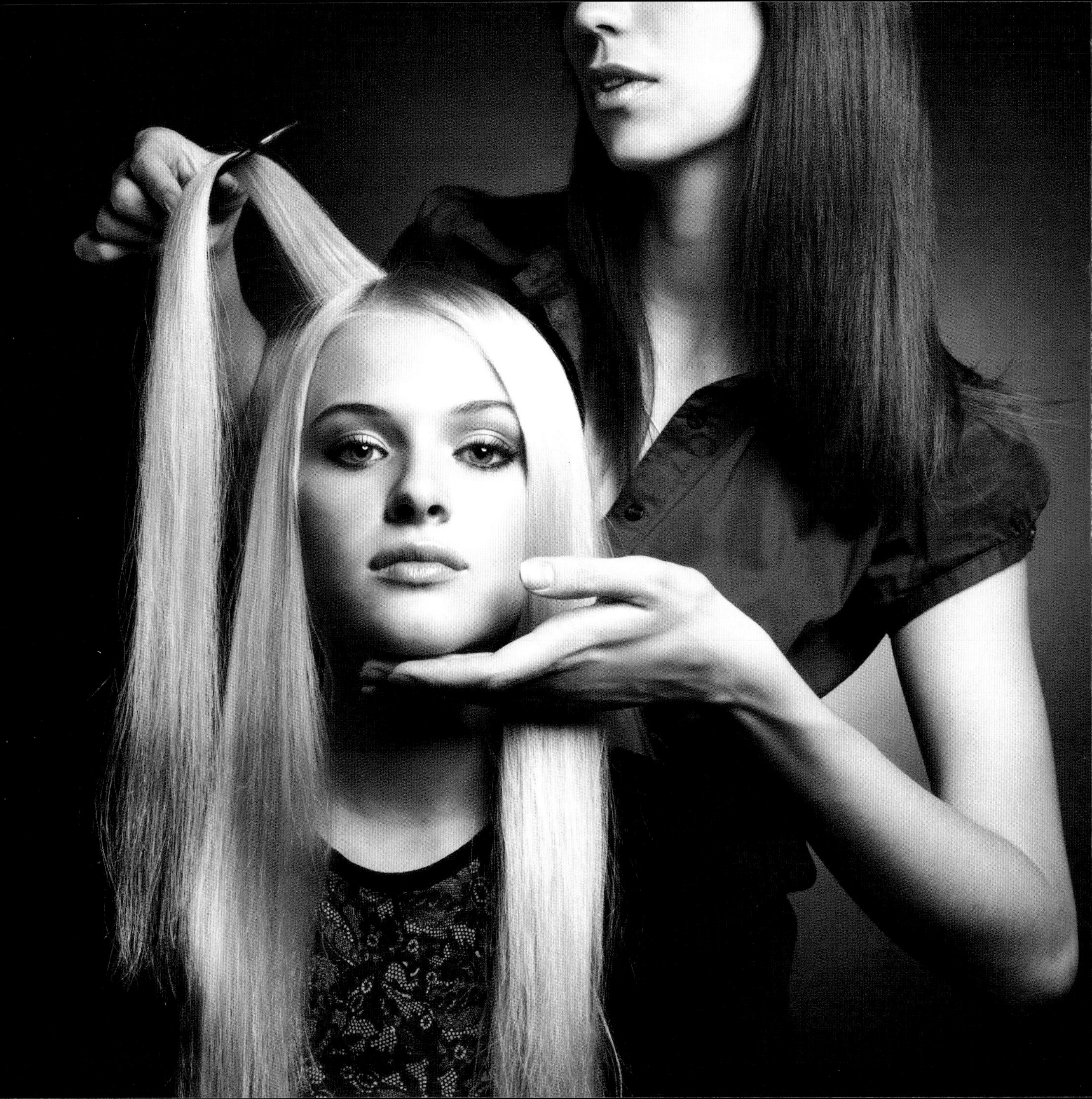

我来教你

手指梳头法： 将五指分开，分别从左右耳朵处向头顶进行按压，起到疏通头皮缓解头部压力的作用；接着用左手指腹从左耳朵处向右侧顺着头皮按摩直到右耳朵处，再用右手指腹从右耳朵处向左侧按摩到左耳朵处，反复做 10 次；最后双手交叉并夹住发丝，用一点点力气将头发向上和两侧提起保持 3 秒钟，并做完整个头部，这种轻微的提拉动作有助于强韧发根，并有效地减少掉发的发生。

另外，如果你有牛角梳也可以充分利用起来，从额头上方发迹线开始向后梳头，让牛角梳充分接触头皮，牛角本身是一味中药，晚间用牛角梳梳头可起到凉血解毒和解除疲劳的作用，常用牛角梳梳头还可以促进头部血液循环，减少脱发和断发，是一种非常好的护理头发的方式。

你会正确使用发膜吗？

说起发膜，我想很多人都不太清楚到底应该怎么用，很多人都拿发膜当作护发素来用，殊不知如果你当作护发素来用的话，不但没发挥发膜的作用，还有伤害头皮的危险，因为发膜富含营养物质，使用不当发膜中的油脂易堵塞发囊，让头皮水油失衡。

我来教你

正确使用发膜

01 使用发膜前请带好一次性手套，保证卫生。

02 用大号刷子或者用手，从距离发根 2 厘米处刷起一直到发尾，不要碰到发根更不要碰到头皮，以免出现毛囊堵塞或过敏现象，发尾容易出现分叉的位置可多涂抹一些。

03 刷好后，用大毛巾包裹住头发等待 15 分钟，之后用温水洗净。

发膜的使用不能太过频繁，每周用一次可有效抚平毛糙的头发，同时提升头发韧性，改善发丝光泽度和垂顺感，特别适合长发的女性朋友，如果是男士，用梳子直接梳在头发上进行养护，当然也不要碰到头皮，这点一定要牢记。

怎样使用吹风机不伤头发？

  很多上班族有早晨洗发的习惯，为的是能神清气爽、干干净净地去上班，所以都会用吹风机快速把头发吹干。大家一定要注意，吹发时，长期使用热吹风，会造成头发干枯、无光泽、变黄，甚至断发、开叉，这是因为热风会将头发中的水分带走，让发丝变得格外脆弱，但是生活中又难以离开吹风机带给我们的方便，难道用了吹风机就只能眼睁睁看着头发变糟糕吗？其实在使用吹风机时也有一些小技巧，可以帮你扫除后顾之忧，还不会过多地伤害头发。

我来教你

吹风机的使用技巧

01 使用吹风机之前，可以先喷一些免洗护发精华，以保护头发。

02 吹头发时一定要从上至下吹，也就是顺着头发的方向吹，一直到发梢。绝对不可逆着吹，否则会把毛鳞片翻起造成头发毛糙及水分流失。

03 如果是长发，请先将后面内侧头发吹干再吹外侧，这样可以让头发自然蓬松。

04 将头发吹至九成干即可，不可过分追求十分干。

05 最后，别忘记再喷上一些免洗护发素，给头发一层保护层。

  使用吹风机时，遵循以上的小技巧，可大大减少因为热吹风给头发带来的伤害，当然如果你可以接受用自然风吹干头发，则是最佳选择哦！

别让颈部泄露了年龄

脖子是女人的第二张脸，这话真的没错，往往看到一些女士，面部护理得不错，但是其脖子却干燥、松弛，一下子就暴露了自己的年龄。

有些人有天生的颈纹，这个属于先天因素，用什么都不可能去除，但是如果是后天造成的颈部肌肤松弛、颈纹严重的话，完全可以通过按摩的方式来缓解，换句话说，首先要做到预防第一，不要等到出现颈纹后再着急，那个时候想要去除就晚了。

我来教你

分享颈部护理的方法给大家

01 擦完化妆水的化妆棉不要扔掉，直接敷于颈部 2~3 分钟，然后用化妆棉由下往上擦拭，帮助带走颈部的废旧死皮。

02 平时做做颈部运动，颈部向左弯曲维持 5 秒，再向右侧弯曲维持 5 秒。颈部向后拉伸维持 5 秒，这几个小动作非常简单，但有助于拉伸颈部线条，舒展颈部早期颈纹。

03 敷脸的面膜也可以用于颈部，面部一般使用面膜不要超过 15 分钟，揭下后往往是直接扔掉，但其实还有很多精华在上面，不妨再敷于颈部，颈部的皮肤和面部非常接近，所以使用面膜也是可行的方法，既省钱又有效，何乐不为呢！

04 晚间护理完面部，再取一些滋润的面霜或者颈霜，配合按摩达到预防颈纹的效果，将面霜涂抹于颈部，头向上抬起，双手交替由下向上按摩，一直到下巴处。

05 另外，利用精油帮助去除褶皱也是不错的方法，给大家一个配方：花梨木精油 2 滴 + 穗花薰衣草 2 滴 + 玫瑰 2 滴 +10ml 玫瑰子油，用于按摩颈部，按摩时也要由下往上按摩，有助于颈纹的淡化，不妨试试。

养出纤纤玉手

我们手部脂肪不多，长期暴露在外，而且每日劳作都需要用到双手，因此手部肌肤比面部肌肤受到的伤害更多。我们人体皮脂腺分布虽然很广，但唯独手掌是没有皮脂腺的，因此必须依靠护手霜来滋润双手，并且要配合按摩才能真正达到滋润效果。平时双手接触过水后，手部肌肤会觉得很水嫩，这是由于水在肌肤表面让细胞短暂变得充盈，但是一旦擦干水后很快就变得更干燥，如果是冬季很容易造成龟裂，这是因为水无法保存在肌肤表面造成的。

我来教你

对于手部护理也给大家一些合理的建议

01 改用多脂性香皂或者直接用洗面奶洗手，对抗手部干燥。

02 用热温水洗手，有助于软化手部死皮细胞。

03 定期使用手部祛角质产品，帮助祛除死皮。

04 使用滋润的护手霜并加以按摩。

05 做双手交叉动作并活动关节，双手互相进行按摩，可以帮助双手吸收护手霜。

06 定期做手膜。可利用化妆棉包裹住涂抹植物油在手部和指尖，也相当于给手部做手膜。如果没有植物油，也可以使用甘油来滋润双手。

07 如果手部过于粗糙，连手霜效果都不佳的话，可以用植物油来深度按摩滋润，这里非常建议用甜杏仁油，其含有 15% 不饱和脂肪酸，对肌肤有极佳的保湿滋润效果。

过期面霜当手霜用可行吗？

　　一个朋友说，家里有瓶过期的面霜，当初买的时候也200块钱呢，扔了怪可惜，索性用来擦手，还省得去买手霜，可是用了一个多星期了，怎么一点不见滋润，双手皱巴巴的，表面还有小脱皮，这200块钱的面霜是不是蒙人啊！

　　从经济省钱的角度来说好像是能做到节约，但是从护手的角度来说，用过期面霜就不合适了。手部和面部皮脂腺不同，面霜是根据面部油脂分泌特性而设计，而手部没有皮脂腺分布，那么面霜用在手部当然滋润度就不够了。

　　另一个方面来讲，过期的面霜功效大大降低，并且受到日常氧化的作用，面霜中的活性物质也会发生变化，用在手部基本上没有什么改善的作用，反而给原本干燥开裂的手带来负影响，得不偿失，因此面霜开封后要保证在半年内用完且只用在脸部及脖子就可以了，手部还是要用专门的手霜。

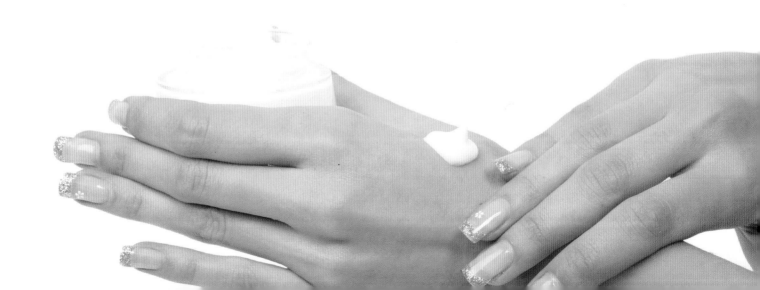

手部按摩7步法

除了用手霜护理双手，按摩至关重要，不仅可以帮助手霜吸收，而且在不用手霜的时候经常按摩手部，也可以达到柔软手部肌肉，增加灵活性的功效。

我来教你

01　第一步按摩手背，用左手按摩右手手背，右手按摩左手手背，先从虎口处开始。虎口往往干纹比较严重，用大拇指进行揉搓，并帮助手霜吸收，舒展干纹。

02　依次按摩2、3、4、5掌骨，每个掌骨按摩至少10秒，尽量由轻到重。

03　按摩手指，左右手互相做，先将左手食指和中指2、3指节弯曲，分别夹住并按摩右手大拇指、食指、中指、无名指、小拇指，从指根按摩到指尖，然后交换右手，确保每个部位都按摩到。

04　稍微用一点点力，按压指尖两侧，由于人体很多经络的起点或者末端都在指尖，因此按摩指尖不仅有助于养护指尖周围的皮肤，还对身体健康很有帮助。

05　手掌内侧，双手互做，先将右手微微握拳，利用指关节敲击左手手掌，由下往上一直敲到指尖。然后换左手进行，还可以利用指关节在手掌的鱼际部位进行特别按摩（鱼际为大拇指下方连接手腕那块最柔软的部位），然后双手搓热。

06　双手交叉十指，自由活动片刻，做的随意放松即可。

07　双手指尖对指尖轻叩36下，有助于手部血液流通。

　　遵循以上 7 个步骤按摩手部，不仅有助于手部的保养，而且还可以增加手部灵活度，同时也是一种手部的运动，百利无害。

化妆棉 + 手霜：缓解"狼牙倒刺"的无敌利器

有许多人都有倒刺的困扰，碰到就很刺疼，用指甲刀剪了过不了多久倒刺又出来了，最要命的是倒刺的出现让双手非常不美观，待人接物的时候也很尴尬，久而久之指甲周围的肌肤就变得格外粗糙，有没有简单的方法可以改善倒刺问题呢？教大家一个利用化妆棉可以改善倒刺的小窍门。

我来教你

01 首先，用手霜涂抹全手滋润后，重点将手霜点涂在指甲周围的肌肤上。

02 将化妆棉喷上一些保湿化妆水或者直接用温水打湿。

03 将化妆棉层层撕开，分别包裹在手指上停留至少 5 分钟以上。

04 揭去化妆棉，再涂抹一些手霜进行按摩至完全吸收。

以上的小窍门可以有效预防倒刺的形成，同时还有滋养指甲的效果，平时擦完脸的化妆棉也可以利用起来包裹手指，一举两得。

心水推荐

欧舒丹乳木果润手霜　　150ml

这是一款人气指数极高的润手霜，它蕴含 20% 乳木果油，可迅速渗透肌肤，发挥保护、滋养及保湿作用。此外，其中配方更添加了蜂蜜、杏仁油及椰油，能恢复和保护干燥双手，防止死皮产生，有极佳保湿效果。

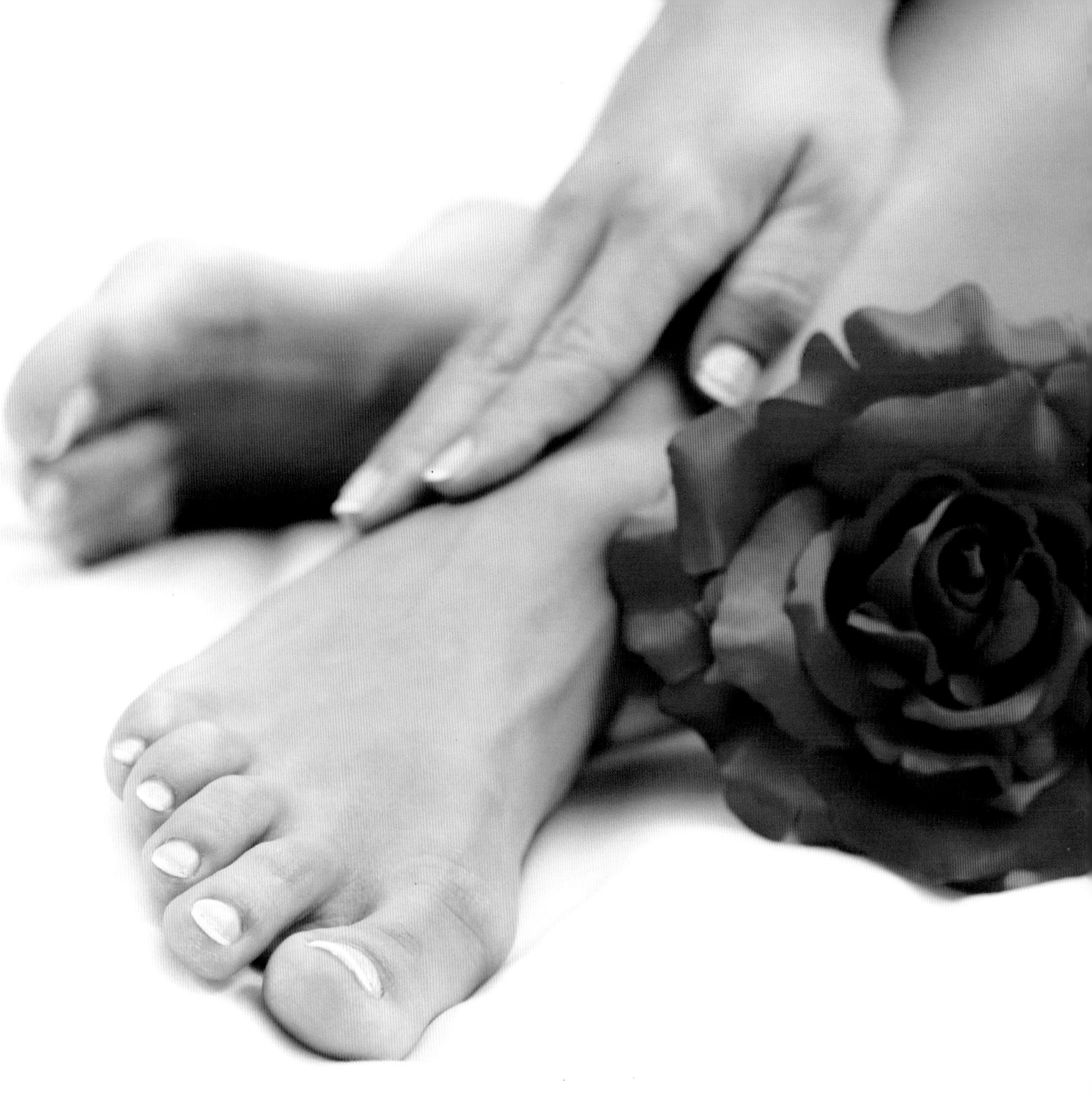

养足养身心的独家妙方

每晚泡泡脚身心不会老

俗话说："每晚泡泡脚，一辈子不容易老。"这话说的在理。足浴的习惯可以追溯上千年，泡脚不仅可以解乏，还可以清除人体血液垃圾，抵抗各种疾病。

我们的足部有无数神经末梢与大脑紧密相连，通过热水泡脚对这些末梢神经起到热刺激，直接被大脑感应，使人快速感到舒适轻松。另外，泡脚还可以刺激足部穴位，在我们足部有 6 条主要的经络：3 条阳经（膀胱经、胃经、胆经）的终止点和 3 条阴经（脾经、肝经、肾经）的起始点，泡脚也等于刺激了这 6 条最主要的经络，也就等于帮助刺激我们的五脏六腑，既不复杂还非常容易操作，晚上看电视的工夫就能把脚泡了。如果想加大按摩的力度，不妨在盆里放几块鹅卵石，帮助刺激穴位和经络，这对健康非常有益处。不过要提醒大家的是，泡脚时长在 15~20 分钟最为适宜。

泡脚是一年四季都要做的，不同的季节泡脚的作用也有所不同："春天泡脚，升阳固脱；夏天泡脚，暑湿可祛；秋天泡脚，肺润肠濡；冬天泡脚，丹田温灼。"

由此可见泡脚的好处多多，不仅可以让我们身体更健康，关键是通过刺激足部的神经及众多的穴位，还可以让血液循环畅通，清除体内毒素，这样一来让脸色也会变得红润健康，皮肤也自然年轻、嫩白。

简单的足部"伸展运动"缓解足部疲劳

我们的双脚每天都在"奔波"，走路、跑步、开车等，都需要我们的双脚，这不仅让双脚负重很大，而且一个不留神就会伤害到足部，比如你走一天路会觉得脚痛，走时间长了脚容易抽筋等，其实这都表明我们的脚缺乏韧性，也就是缺少日常的活动，冷不丁多走几步就受不了了。所以日常做一做简单的足部"伸展运动"不但可以缓解足部疲劳，还可以增加足部的耐受力和韧性。

我来教你

足部伸展运动

01　坐在床上或瑜伽垫上，双腿伸直并放松，可用双手抱住大腿位置，调整呼吸。

02　双脚向身体方向拉伸，脚跟要一直保持在床面上，让自己感觉脚部肌肉在拉伸，每次动作停留 3 秒钟，但不要太过用力，重复 10 次。

03　双脚向前拉伸，脚背弓起，脚跟一直保持在床面上，你会感到脚踝在用力，每次动作停留 3 秒钟，重复 10 次，力度要适中，切勿太过用力。

04　将十个脚趾向外伸开，每次伸开停留时间在 3 秒钟，重复 10 次。

05　双脚做转动脚腕动作，向外转动 10 次，再向内转动 10 次。

06　坐在椅子上，抬起脚跟只用脚尖碰地，每次动作停留 3 秒钟，重复 10 次。

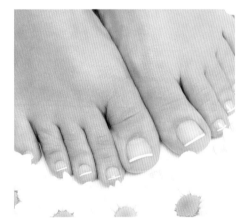

特别提醒：由于很多人平时运动比较少，因此在做足部拉伸运动时，力度要适中，不要过度追求用力，以免造成不适感，每天做做足部的伸展运动，对于脚踝、脚背肌肉都有舒展的作用，还能营造足部的线条，关键是一定要坚持。

6 步骤足部按摩　让双足也娇嫩

我们的双手和双脚因为都没有皮脂腺的分布，可以说是最容易干燥的部位。因此你经常会发现脚部又干又皱，尤其是后脚跟、脚踝的部位，夏天稍好一些，一到秋冬就变得干燥无比。

对于足部的保养，首先要记得定期去角质。因为双脚每天都在工作，而且是"体力活"，因此容易滋生死皮，如果不定期清除角质会造成脚部皮肤粗糙，容易引发脚垫的形成，因此足部的护理更多的是要去死皮和防止干燥。

我来教你

6 步骤足部按摩

01 取一定量的油脂（护足霜也可）在手中，建议使用滋润度高的油脂，比如：马油、甘油、植物油等，因为脚部皮肤需要深度的滋润。然后搓热油脂，先从足底开始按摩。用手掌搓揉足底至发热，然后握拳，利用指关节的力度在脚底进行点按，可以稍微用一下力量。从脚跟开始一直点按至脚趾。如果你的力度不够，可以用一些工具，比如按摩棒、按摩锤等来辅助按摩。

02 捏揉足底 3~5 分钟，利用拇指和食指的力量，对足底的肌肤进行揉捏，帮助快速滋润舒展足底的肌肤，同时刺激足底的穴位，加快足部血液循环。

03 捏揉足部两侧，同样以拇指和食指用力，有助于放松足部肌肤，并摆脱疲劳感。

04 转到脚面，用手掌进行揉搓，如果此时护肤油不足可补充一些，脚面肌肤较薄，因此可直接用按抚的动作来加快滋润脚背。

05 脚趾部分，要利用大拇指指腹去揉搓脚趾肚，脚趾缝也一定要都按摩到。

06 脚跟硬皮处难以吸收护肤油，可以先用热毛巾湿敷在脚跟 5 分钟，先有效软化角质，然后使用去角质霜，在脚跟处打圈按摩 1 分钟，能很快祛除过多的废旧角质，清洗干净之后，在脚跟上涂抹一层护肤油，然后用热毛巾敷住停留 5 分钟，脚跟肌肤便能得到有效滋润。

TIPS：

在进行完所有按摩后，可再涂抹一层护肤油，然后将毛巾用热水浸透后拧到九成干，接着包裹住整个脚部，相当于给足部做 SPA。此外，还可以利用足部按摩板，每天踩一踩，可有效缓解足部僵硬感，同时疏通脚部血液，有助于脚部肌肤正常代谢。

常按足部"美容穴"

之前我们说过在足部有很多的穴位和六条经络，这些穴位和经络可以直接刺激到五脏六腑，因此经常按摩足部对我们增强抵抗力，延缓衰老有着很强的作用。相信也有很多人会问，我们脚底的穴位有那么多，到底它们在什么位置，我们应该怎样按摩才能刺激到这些穴位？其实，刺激足部的穴位并不复杂，我们也不需要记住所有的穴位，只要记住几个大的穴位就可以了。按摩的时候也不用刻意地一定要找准穴位再按摩，如果你记不住相关的穴位，就采用大面积按摩的方式，也可以达到刺激穴位，强身健体的作用，现在就一起看看足部的几个大穴。

我来教你

穴位 1——涌泉穴： 涌泉穴位于足底部，在足前部凹陷处。常按此穴对肾脏非常有益处，而且对焦虑怕冷等都有帮助。肾脏是人的精气神之源，也是保证人年轻的重要穴位，按摩时，可将手握拳，利用指关节按压穴位，每次按压 15 次，一天中可多次按摩，常按此穴可让人保持年轻状态。

穴位 2——太冲穴 太冲穴位于足背，第一、第二脚趾向上凹陷处。别看太冲穴在脚背，但它确是肝经的原穴，对肝火旺的人来说，常按此穴有助于减轻肝火。太冲穴的反应区在胸部，因此，胸口不舒服时也可以按按这个穴位。按摩时沿骨缝的间隙由下向上推按 20 次，用力应以适度微痛为宜，循序而进。当按压感觉有压痛感时，说明有问题，要轻柔一些慢慢按压。

穴位 3——太白穴： 太白穴位于足内侧缘，大脚趾内侧向后能摸到凹陷处，这里就是太白穴。此穴位为人体足太阴脾经上的重要穴位之一，按压此穴对皮肤湿疹有很大的缓解作用，利用拇指从脚窝处向太白穴滑动按摩，力度不要让自己感觉到太疼即可，每次滑动按摩 20 次。

以上 3 个穴位最好在晚间泡过脚后进行按摩，对身体有很大益处，并且能让我们从内而外地美起来。最后要提醒大家，按摩完穴位后，别忘记按摩一下脚趾头，随意地按摩就可以，以达到疏通经络、活血健身的目的。

不容忽视的腿部护理

教你腿部滋润按摩法

对于美腿的要求，不仅要纤细还要柔嫩，尤其是膝盖、脚踝等部位特别容易干燥，再加上没能及时清洁死皮，导致这些部位成为身体的"死角"。如果你的腿部再缺乏滋润，出现干燥脱皮等问题，那你这两条腿就没法看了，尤其是到了夏天可以穿短裙的季节。因此，双腿需要足够的滋润保养，才能让人羡慕哦。

我来教你

双腿滋润按摩法

01 在按摩之前，建议大家使用化妆水擦拭双腿，利用化妆棉来擦拭，这样可以带走不少腿部的废旧角质，为后续滋润做足准备。

02 取适量按摩膏或者按摩乳，这类产品不但有滋润的功效，还有纤体的作用。取适量纤体滋润产品在掌心，然后双手均匀揉开。

03 接着，将滋润纤体产品从脚踝开始，由下往上涂抹至大腿根部，确保腿部每一寸肌肤都涂抹到。

04 双手交替从小腿开始，打螺旋状一直按摩至大腿部位，再从大腿开始打螺旋状按摩到小腿，反复 3 次。

05 用双手在腿部做打圈动作，依然是从小腿开始一直按摩到大腿，再从大腿按摩回小腿，反复 3 次。

06 双腿伸开，双手握住大腿，大拇指放在大腿上面，其余四指放在大腿下方，用力向左右两侧滑动按摩，一直到小腿，接着再按摩回大腿，反复 3 次。

07 最后，双手在膝盖及脚踝等容易干燥的部位，交替打圈按摩 50 次。

以上的按摩方法其实非常简单，也没有什么高难度的动作，只是需要一点点耐心把它做完，坚持一个月的时间，你会发现双腿不仅嫩滑滋润，而且还会纤细很多，腿部粗糙感也消失了，相信这种效果一定是你想要的。

心水推荐

欧缇丽葡萄籽果香美体霜   200ml

富含红酒酵母和天然具有滋润功效的葡萄籽油、乳木果油，这一美体霜可深层修护肌肤，并且重新构建肌肤水脂膜，使干燥紧绷的肌肤得到即刻的舒缓和舒适。

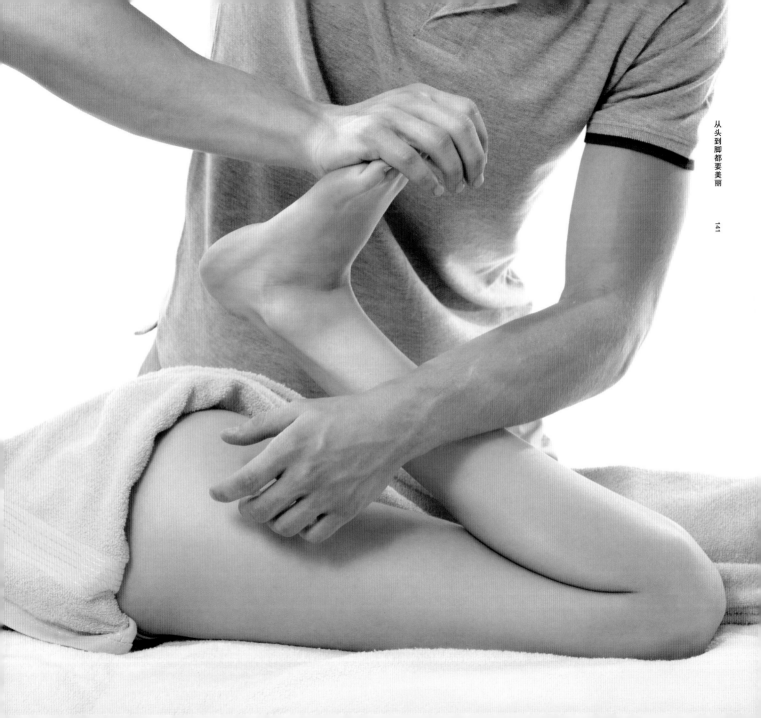

预防腿部静脉曲张　请这样做！

很多人有腿部静脉曲张的问题，也许轻重程度不同，但决不能任由不管。因为静脉曲张有可能引起静脉炎，不仅影响健康，而且还会让双腿看起来很吓人。目前在医学上治疗静脉曲张还是一个难题，所以我们要尽量做到预防为主，出现轻度的静脉曲张也不要害怕，通过按摩可以缓解症状。

我来教你

预防腿部静脉曲张

01 每天可以利用睡前的时间，平躺在床上，将双腿抬起搭在墙上，可有效减轻腿部压力，达到预防静脉曲张的目的。

02 每周做 3 次腿部按摩，按摩时双手从脚踝开始，向大腿方向按摩，就像拔萝卜一样，每回至少做 10 次，可有效预防静脉曲张，而且有瘦腿效果。

03 长期长时间坐在椅子上，可以抬起双腿悬空，停留 10 秒钟，然后放下，反复做 5 次，一天当中可重复多次做此动作，可有效缓解长期久坐引起的下肢不畅，能有效预防静脉曲张。

04 如果已经出现轻微的静脉曲张，请穿紧一些的长袜或者长裤，以缓解症状。

腿部静脉曲张是较为普遍的问题，重在预防，一旦形成静脉曲张，通过药物是无法治愈的，只能通过手术减轻，所以我们需要未雨绸缪，将预防工作提前做，每天抬抬腿，每晚按摩一下腿部，其实并不麻烦，所以请重视起来吧！

让胸部更有 "型" 的秘密

　　漂亮的女性对自己一般都要求严格，除了白皙无瑕的肌肤以外，完美的身材同样重要，该纤瘦的就得瘦，该丰满的地方就要丰满起来，比如胸部。

　　其实，在这里一定要和大家分享一个理念，那就是没有什么产品可以让胸部变得很丰满，即便是有这样的产品，也不要轻易去尝试，以免给自身带来不良的反应。

　　对于丰胸这件事来讲，通过平时的按摩就可以达到一定程度的提拉，让胸部看上去更坚挺。而正确的按摩对身体是没有坏处的，只是需要每天坚持才会有效果。也许你会问，就没有什么产品可以辅助按摩达到坚挺的效果吗？这里也和大家分享一下利用芳香疗法，辅助胸部提升的配方，这对于想提升胸部线条的女性来说，可能是更加安全有效的方式。

我来教你

让胸部坚挺的配方

01　依兰 5 滴 + 小茴香 3 滴 + 荷荷巴油 10ml，将这些混合调匀用于每日的胸部按摩，可以让胸部变得更坚挺一些，但这完全不是丰胸哦。

02　按摩的时候，右手按摩左胸，左手按摩右胸，由胸下方开始沿着两侧向上按摩，能预防胸部下垂，同时精油中的成分有助于胸部的挺拔。

特别提示

　　同样一款精油对于不同的人会有不同的感受，在使用前可以先在脖子处试试，若感到不适则不适合使用，孕妇及儿童不应该使用精油。

唇部保养，预防"婆婆嘴"

如果说日常的保养只注重大面而不重视细节的话，那么时间一长你就会发现，这些细节会出卖你的年龄！

由于我们日常说话、吃饭、喝水都要用到嘴巴，所以容易脱皮、干燥，脆弱的唇部如果得不到有效的保养，就容易出现唇纹、唇周松弛，甚至出现"婆婆嘴"。如何正确保养唇部呢？让我来告诉你！

我来教你

01 日常护唇需要涂抹带有防晒系数的唇膏，滋润的同时能有效预防紫外线引起的唇部老化。

02 每天晚间待面部护理结束后，把化妆棉用温热的水浸湿，挤出多余水分，将化妆棉湿敷在唇部，帮助唇部死皮温和软化，1分钟后，用化妆棉轻轻擦拭干净，然后涂抹一层保湿唇膏。

03 利用植物油养护唇部，可以用棉棒蘸一些橄榄油或者玫瑰子油，均匀涂抹在唇部，植物当中的滋养成分可以有效养护唇部，让唇部不易干燥起皮。

04 每周做2次唇部运动，避免唇周细纹，最简单的方式就是用舌头在口腔内顶住唇周内侧做画圈动作，对于预防"婆婆嘴"有一定帮助。

牙齿要健康，也要美白

随着社会的进步和生活水平的提高，人们对于外在形象越发重视，但如果光有一张白皙的脸，一说话或者笑起来却露出一口黄板牙，那可就什么美感都没了！要是你去面试，打扮得漂漂亮亮的，就是这一开口说话，一口黄牙也会给你大大减分。如果去参加相亲，连微笑都不敢，更别提找到心仪的对象了！所以说，有一口洁白的牙齿很重要，牙齿洁白，人气也会跟着飙升。

牙齿变黑黄的原因

01 外源导致牙齿变黑黄：由于日常饮食尤其是一些甜食、酸食等对牙釉质表面的侵蚀相当厉害，一天两天不明显，但是如果每每吃完不能及时刷牙，细菌很快就附着在牙齿上，造成发黄和牙菌斑。特别是喜欢喝浓茶、咖啡及吸烟的人，牙齿都很黑。

02 内源导致牙齿变黑黄：主要受到某种元素影响，色素不在牙齿表面而在牙齿组织内，主要有两种：氟斑牙和四环素牙。

氟斑牙是七岁以前，生活在饮水中含氟较高的地区造成的，色素在牙齿表层牙釉质内，呈黄褐色斑块状，严重者牙齿表面还有凹凸不平的缺损，一般以上颌的门牙最为明显，因此严重影响美观。

四环素牙是八岁以前服用四环素类药物造成的，四环素分子可与牙体组织内的钙结合，形成极稳定的络合物，沉积于牙体组织中，使牙着色，全口牙都可呈棕灰色或棕黄色。

另外，由于身体健康不佳、缺乏营养也容易造成牙齿的暗黄或者发灰，不过成年人大多数还是由于日常护理牙齿不当造成的。

正确刷牙　预防牙齿变黑

　　每日保证早晚2次刷牙，每次刷牙保证3分钟以上，并使用美白牙膏。每天至少刷牙2次可以有效预防牙周疾病，当然也不是每天刷牙次数越多越好，因为刷牙对牙齿本身也会造成一定的磨损，对牙釉质会有影响，每天2次是比较合适的。另外，茶余饭后我们可以用清水或者漱口水进行漱口，能起到保护牙龈、消除饭后口腔异味的作用。

我来教你

正确刷牙的方法

01　刷牙齿表面时，上颌牙齿要用牙刷由上向下刷，下颌牙齿要由下往上刷，不能来回横向刷，要顺着牙齿生长的方向刷牙。

02　刷上颌后牙时，将牙刷置于上颌后牙上，使刷毛与牙齿呈45°，由上向下刷，各部位重复刷10次左右，相同地刷下颌后牙时，由下往上刷，方法同上。

03　刷牙时，使用美白牙膏可以有效帮助祛除牙黄，让牙齿逐步白起来。美白类型的牙膏很多含有高密度细小的美白因子，在牙齿表面刷牙时起到细致打磨的效果，但对牙釉质损伤又非常小，从而可以减少食物造成的色素沉积，日复一日牙齿会逐步白皙起来。

04　关于美白牙膏的挑选，首先现在市面上的美白牙膏也分高中低档。低档的美白牙膏多以海盐等成分为主，其美白效果不明显，充其量只是普通的牙膏；一些中高档的美白牙膏有后起勃发的态势，比如添加不伤

害牙齿的高档硅磨料、经过高科技而研发的闪光美白因子等，效果都比较明显。如果你的牙齿很健康，只是因为日常饮食所造成的牙齿发暗发黄，那么建议大家选择中高档的美白牙膏；如果你的牙齿不仅仅是发黄发暗，还出现牙菌斑或者牙龈出血等情况，那么就不太适合用美白型牙膏，先要用保护牙龈效果的牙膏进行修护，待牙齿情况稳定没有出血情况，再使用美白牙膏。若牙齿持续出现牙龈出血的情况，或者牙菌斑很多，那么就建议去牙科进行牙齿的美白工作了。

学会使用牙线　预防牙菌斑

我们一天要进三餐，每餐过后不仅需要用漱口水漱口，还要用牙线剔除牙缝中残留的食物，这样可以有效预防牙菌斑和牙齿疾病的发生。

正确使用牙线： 把牙线带进牙缝，不要太过用力以免碰到牙龈，并沿牙齿滑进牙与牙交接的缝内，并缓缓地滑动，同时，做上下运动刮牙齿面。在操作时，最好用拇指和食指配合用力，一般现在能购买到的牙线都有塑料手柄——牙线棒，两个手指配合可以保证力度大小，从前门牙开始循序渐进逐步到后牙，中途可以换新的牙线棒，用牙线的好处是不会撑大牙缝，还可以剔除残渣，保障牙齿不受到细菌的侵袭。

什么样的牙线好： 品质好的牙线除了柔软外，弹性很重要，可以用手试一下牙线的弹性，用点力按压牙线，其很快弹回原状则是比较好的牙线，若很僵硬，那么在使用时，便很难顺利滑动，还会伤害到牙齿和牙龈。

神奇精油配方，呵护全身肌肤

越来越多的人开始购买精油，但是买回家却发现不会用，所以往往又将精油束之高阁。

其实，精油在西方是非常普遍的产品，在欧洲药房内都可以买到。精油不仅在美容护肤方面有良好的效果，而且在心灵疗愈及治疗疾病上也有良好的效果，只不过我们这里不用探讨如何去治病，而是利用精油来帮助我们消除皮肤的干燥和粗糙。有时候换一种护肤方法，的确可以感受更大的效果，接下来就给大家几个精油配方，帮助大家在家就可以自行调配出滋养肌肤的精油。

我来教你

配方 1：日常保养护肤油调配

2 滴薰衣草 +4 滴花梨木 +10ml 荷荷巴油，这个配方属于日常保养型，每天都可以使用，主要用于养护肌肤，可以用在面部及全身，当然腿部也可以用，单独使用或者调和在乳霜、滋润霜中都可以，如果你用在面部则和面霜调在一起或单独用。

配方 2：肌肤回春护肤油调配

2 滴胡萝卜籽 +3 滴没药 +2 滴薰衣草 +10ml 荷荷巴油，这个配方属于提升肌肤抵抗力，帮助恢复青春的配方，尤其适合成熟肌肤使用，单独使用或者调和在乳霜、身体乳中都可以，对抗干燥效果非常好。

以上两个配方都非常温和，使用后肌肤可以得到良好的改善，原来的干燥粗糙感会慢慢减轻，大家不妨试试哦。

每日冥想，好心态让你青春永驻

　　说到冥想，你可能觉得有些抽象，冥想到底是干什么？对我们有什么帮助？难道就是坐在那里空想吗？其实，冥想是一种改变意识的形式，它通过获得深度的宁静状态而增强自我意识和保持良好状态。冥想时，往往要调节自身的呼吸，并放松身心，使外部刺激减至最小，此时你可以让自己处于你想要的场景中，来帮助自己调节心理，也就是说，冥想可以达到内在心理调节的作用，让人的身心更平衡，这对于我们的健康及保养都很有帮助，每天抽出一分钟做做冥想，还能大大提升生活的质量。

我来教你

每天冥想 1 分钟

　　冥想时，可以播放舒缓放松的音乐，比如轻柔的钢琴曲或者带有大自然声音的音乐，像流水潺潺的声音等，这些音乐可以让人快速放松下来。

　　配合音乐，点上香薰炉，最好用花香、水果等轻松的味道，比如橙花、玫瑰这类，或者柑橘类也可以。

　　一切准备就绪后，坐在椅子上，闭上双眼，肩膀放松腰背不要弯曲，双脚着地，让自己感到最大的舒适感，深呼吸三次，逐步调整自己呼吸的节奏，尽量让呼吸均匀并缓慢。

　　试想你的头一直向上，就好像有人帮你向上拉伸脖颈和头部一样，肩膀依然要放松不要较劲，双手放在大腿上，双脚着地。

此时你可以什么都不想，让自己放空，或者你可以想一些美好的事情，比如你可以冥想自己肌肤的年轻状态应该是什么样，冥想自己的肌肤逐步改善最终得到最满意的效果，让自己得到一个暗示，此冥想可以做 20~30 秒钟。

接下来到了脊柱，其实非常简单，你只需要慢慢拉直自己的脊柱，并冥想一直向上拉伸，就好像自己要离开地面一样，因为我们一直以来处于地心引力的状态下，身体从来没有想过向上提拉，因此这样做可以让自己的姿态更挺拔，同时有助于心灵的放松，此动作维持 20~30 秒。

最后，深呼吸并慢慢睁开眼睛，1 分钟冥想结束。

是不是很简单的冥想？虽然时间很短暂，但是当你第一次这样做了以后，你会发现自己整个人都平静多了，而且觉得身体得到了放松。每天坚持都这样做 1 分钟，每次可以冥想不同的内容，或者就是什么都不想，这都没有关系，其目的是帮助我们从心灵层面得到净化，相信你会爱上这一种冥想，赶快试试吧！

Chapter 5
花草驻颜，喝出好气色

民以食为天，我们每天都吃饭、喝水，因为这是我们生存的基础，每天摄入五谷杂粮带给我们能量，不过在吃饭这件事情上，很多人还是管不住自己的嘴，碰到美食就什么都不管了，满足了口腹之欲，却造成了各种身体的不适，比如脂肪过多、辛辣刺激食物让脸上长痘痘、皮肤变得粗糙等。

如今已经进入内外同补，内调外养的年代，大家都知道这个道理，但做起来就不那么容易，想要对美食忌口的确有点为难，不过，通过合理搭配日常饮食，既可以满足贪吃的嘴，还能养出好的气色，何乐而不为呢？让健康美丽从吃吃喝喝开始吧！

复方花草茶，平和心情保容颜

　　有时候我们皮肤出现暗沉、皱纹、粗糙，很大程度上是心情所致，比如当你遇到难事的时候，往往就会愁眉苦脸，脸色看起来就特别不好，所以保持一个平和的心态和积极乐观的心情，就相当于你拥有了一瓶"保鲜剂"，让人看起来更年轻，更有活力。

　　当你情绪低落的时候，除了可以通过旅游、运动、和朋友聊天等方式来调整，其实冲一杯具备平复情绪的花草茶，效果也是不错的。

我来教你

所需材料： 薰衣草 3 克、茉莉花 3 克、蜂蜜或者冰糖。

将薰衣草和茉莉花一起冲泡，有些人不太喜欢薰衣草的味道，可以放入蜂蜜或者冰糖调味，泡 3 分钟后饮用。

- **薰衣草：** 舒缓、镇静、平复情绪
- **茉莉花：** 理气和中、解郁散结

　　看似简单的配方，却有着非同一般的效果，所以并不是越复杂越好，让复杂的心情恢复平静，需要的就是简单的化解方法，人的心情好了，自然就显得更加年轻。

自制抗老美肤茶，和自由基 Say good bye

我们的生命离不开自由基的活动。我们的身体每时每刻都在燃烧着能量，而负责传递能量的搬运工就是自由基。

皮肤衰老很大一个原因是自由基造成的，我们可以调节自由基增加的速度，让它慢下来，这样衰老就离我们更远一些，来得更晚一些。除了日常注意使用抗老产品外，内在的调节至关重要，一方面心情要保持愉悦，另一方面就要通过饮食来调理了，介绍一款抗老美肤茶，可以帮助你在日常对抗自由基，增加皮肤抵抗力，远离衰老。

我来教你

所需材料： 桂圆肉 2 颗、洋甘菊 3~5 朵、绿茶、新鲜水果块若干。

将以上材料一起冲泡，用烧开的水冲泡 2 分钟后便可饮用。这款美肤茶中由于加入了新鲜的水果，因此喝起来有水果的甜香味，又融合了洋甘菊的味道，让口感上很特别，水果中的维生素可以起到美容护肤的作用。

- **桂圆：** 抗衰老、补气养血

- **洋甘菊：** 防止敏感、抗氧化

- **绿茶：** 抗氧化

- **水果：** 补充维生素

每日工作时或者日常饮用这款花茶，不仅可以补充水分，还可以预防衰老，抵抗自由基，另外，冲泡一壶可以喝一天，让自己的工作在花香果香中度过，还能缓解不少疲劳感，放松神经。

明目养颜茶，内调护双眼

拥有一双明亮的眼睛，可以让你看上去神采奕奕，充满朝气。我们日常的工作免不了长时间伏案工作，对着电脑至少要 8 小时，很容易导致眼睛过度疲劳，甚至布满红血丝、干涩，久而久之眼睛会失去原有的明亮感。想要缓解眼部的疲劳不适，除了每工作 1~2 小时就休息 5 分钟，经常眺望远方帮助缓解疲劳外，工作时来一杯明目养颜茶也可以达到内调护眼的效果。

我来教你

明目养颜茶所需材料： 杭白菊 5~8 朵、枸杞子 7 颗、茉莉花朵或玫瑰花少许、冰糖少许（依个人口味酌情添加或用蜂蜜替代）。

将以上材料一起放到杯中，用烧开的水冲泡，并盖上盖子，等 2 分钟左右便可以饮用了。

- **杭白菊：** 养肝明目、滋润肌肤
- **枸杞子：** 温补养肾、抗辐射、抗氧化
- **玫瑰、茉莉：** 调和味道、滋养皮肤

上面的配方非常简单，工作时泡上一杯既解渴又明目养颜，同时还能对抗电脑辐射和氧化，一举多得。

来杯补水美肤茶，调节体内"水磁场"

　　OL 们最怕的就是办公室里过于干燥，无形之中把皮肤中的水分都蒸发掉了，导致皮肤出现内层干燥，直接反映在表皮就是脱皮、爱出油，其实这都是由于肌肤水油不平衡导致的。

　　之前教过大家如何冲泡一杯明目养颜茶，这次就和大家分享一款可以对抗办公室干燥环境的补水美肤茶，从体内补充水分，让我们拥有一个体内的"水磁场"，这样就不怕办公室"温室效应"带来的干燥了。

我来教你

补水美肤茶所需材料：玫瑰花 10 朵、红枣 3 颗、陈皮少许、冰糖少许。

将以上材料都放入水杯或者茶壶中，用烧开的水冲泡，冲泡时适度搅拌，让热水能将食材浸泡，焖盖等 2~3 分钟后，就可以饮用了。

- **玫瑰花：**养颜红润肌肤

- **红枣：**补气血

- **陈皮：**健脾理气，同时调味

小贴士：吃橘子时，将橘子皮剥下晾干，也可以当作陈皮来泡水。

这样的一杯补水美肤茶，制作起来非常简单，而且味道酸酸甜甜很好喝，可以替代各种饮料哦。

每日一杯生津调理健康茶

说到调理，不仅仅是表面功夫，更需要内在的慢慢调理，调理本身就是一个慢过程，从一点一滴小事做起，也能起到水滴石穿的作用，

周围有不少同事总是抱怨办公室里太干燥，皮肤缺水严重不说，喉咙也感觉干涩，于是我就给他们配了一款生津的健康茶，同事们试了以后都感觉效果不错，所以就拿出来和大家分享。

我来教你

所需材料： 蜂蜜一勺、金橘 3 颗、梨切小块、乌梅 5 颗。

将以上食材一起用沸水冲泡，金橘可以事先掰开，乌梅可去核只保存乌梅肉，如果嫌麻烦直接带核也可以，梨切成 1 厘米见方小块，取 10 块一起冲泡，配上一勺蜂蜜，味道甜中略带酸味，可以帮助生津止渴，滋润肌肤及肠道。

- **金橘：** 生津止渴、理气解郁
- **梨：** 润燥、润肺、降火
- **乌梅：** 防老化、除便秘、清血

每天来一杯生津调理健康茶，不仅嗓子不干了，而且还有助于预防便秘，这款茶饮四季都可以喝，秋冬可以适当加热来饮用。

养颜祛斑茶，
每天一杯不做"斑干部"

如果你问我，皮肤最难解决的问题是什么？我会把祛斑排在第一位！因为你能看到的斑点远远比你想的要顽固得多，那一小点斑点其深层却是一大片斑点，潜藏在皮肤深处不容易被发现，这也是为什么斑点祛不尽的根源所在。既然是潜藏在深处，当然就不仅仅表现在肌肤表皮上，我们自身的黑色素分泌也是引起斑点形成的重要因素，因此祛斑也要从内外双向来解决。外在需要可以直达肌肤深处的淡斑美白产品，内在则需要调理好自身机能，帮助维持体内黑色素平衡，以达到降低斑点生长的速度，日常多喝一些可以祛斑美白的花草茶，既可以保健养生，还能辅助美白淡斑。

我来教你

所需材料： 大红枣 3 颗、炒熟的薏仁磨成粉、枸杞子 7 颗、蜂蜜少许。

将薏仁在平底锅中翻炒，待薏仁炒熟后将其磨成粉，每次取一勺用于冲泡。红枣

要大颗饱满的，不要小枣，再将其他食材一并放入杯中，热开水冲泡，等待约 2 分钟后，就可以饮用了。

- **薏仁：** 消除色斑、减少皱纹
- **枸杞：** 温补滋养身体
- **红枣：** 补血养颜

这个配方中只有薏仁的处理稍微复杂一点，但也不需要很长时间，每次炒薏仁可以多炒一些留着备用，当然如果你直接用炒熟的薏仁冲水喝也可以，平时在家或者上班时都可以冲一杯这样的祛斑茶，从身体内部调节内分泌，减少色斑形成，并有效预防肤色发黄及暗沉。

CHAPTER 6
简易经络按摩法

胃经上的美容穴，常按美肤又养生

看到这个题目你可能有点疑惑，怎么胃经上还有美容穴？你没看错，胃经上的确有美容的穴位，而且还是一个非常适合按摩的穴位。

中医认为，人有十二条经络，这十二条经络又分别在不同的时辰发挥作用，在这十二条经络中胃经有很多穴位途经面部，其中被称为美容穴的四白穴也在其中。如果能将日常美容与穴位按摩结合到一起，那么美容养颜就可以达到事半功倍的效果。

我来教你

按摩前请准时早餐——气血旺则面色好

我们全身的皮肤、毛发、脏腑依赖于气血的滋养，而胃恰好是消化食物提取精华供全身使用的重要器官，如果胃出了问题，则无法正常消化从而转化为人体的气血，气血亏，则面色无华，自然显得衰老。

在我们身体中有一条足阳明胃经，这条经络在早晨 7：00~9：00 当令，此时，气血流注胃经。这个时候也正是应该吃早饭的时候，此时应吃热食并且吃饱，让胃消化而转化为气血，这样上班才会有精神。早晨可以食用热燕麦、热豆浆、热粥、汤面，配以水果和点心则更好。

按摩胃经四白穴位——养颜事半功倍

足阳明胃经，从眼眶下承泣穴一直到脚部第二指头外侧的厉兑穴止，一共有 45 个穴位，不过对于我们来讲记住这 45 个穴位的确有点难，其实只要记住其中的美容养颜第一穴：四白穴，并进行适当按摩，就可以达到养颜的目的。

四白穴又被称为美容穴、美白穴，此穴位对眼睛也非常好，按压此穴位可以消除眼部皱纹，使皮肤细腻更有光泽。

四白穴位于面部瞳孔直下约 2 厘米凹陷处，以双手食指指腹按摩，手不要离开皮肤，每次打小圈按揉 1~2 分钟，每天 2~3 次即可。另外，晚间洗脸时，用热毛巾在四白穴处热敷 30 秒，也有利于面部的微循环，使肤色更显健康。

快速学，教你预防初老按摩术

何为初老？如果你年龄超过 25 岁，那么你就要预防初老症了！因为随着年龄的增长，我们的年轻峰值在 25 岁前达到巅峰，一旦迈入 25 岁的门槛，肌肤就会出现老化现象。开始可能是皮肤水油平衡欠佳，到后面会出现肤色暗沉、毛孔变大、细纹显现……

对于初老症，有很多人害怕面对，每天心事重重眉头紧锁，生怕自己老得快。我想说的是，有担忧的工夫，不妨抓紧时间做做预防面部初老按摩术，帮助肌肤做运动，就可以大大延缓衰老产生的时间。

我来教你

额头：

01 以食指、中指、无名指指腹为主，双手从额头中间由内向外打小圈按摩，一直按摩至太阳穴，在太阳穴处稍微用力按压 5 秒钟，然后再反复之前的动作，此动作每回做 15 次。

02 接着，双手交替，分别从眉心开始向上提拉额头肌肤，一直到头顶正中的百汇穴，用于减轻和预防抬头纹，同时预防皮肤松弛下垂。此动作每回做 15 次，共做 3 回。建议大家在百汇穴处可用大拇指指腹轻轻按压 5 秒钟。

面部：

03 　先用指腹从面部鼻翼旁向外并向上按摩，一直按摩到太阳穴，按摩 10 次，两边要同时进行。

04 　在鼻翼到嘴角法令纹部位重点以指腹打小圈按摩，之后再用食指及大拇指掐住嘴唇，向外侧轻轻拉伸 10 次，有助于预防嘴周

　　　细纹出现。

05 　双手在面部做快速拍弹动作，就像在脸上弹钢琴一样，弹 30 秒。

06 　最后，双手搓热按抚双颊、额头、下巴，每个位置保持 10 秒钟。

　　　以上几个按摩动作，虽然简单但是效果却很好，对于预防皮肤初老及细纹的产生有较好的防范作用，特别适合即将迈过 25 岁大关的 MM 们，只是需要每天坚持按摩，才能发挥其最大的预防衰老作用。建议按摩同时配合使用抗老产品，将预防工作做到位。

心水推荐

兰蔻根源补养面霜　　50ml

　　你还在为肤色不均感到困扰吗？这款面霜最神奇的地方是长期使用有提亮肤色的效果，对于干、黄、暗沉的肤色会有很大的改善。这款面霜的质地轻盈滋养，清透薄润，红景天、龙胆根、野生山药三种珍贵植物根部提取物令肌肤散发好气色。

按一按气血畅，
容颜不老气色佳

很多时候我们总觉得自己的肤色差，看上去没有神采，用了很多护肤品好像也没多大改善，你有没有想过是我们身体内在气血不畅才导致肤色暗沉的呢？其实道理不难理解，因为气血运行不畅，肌肤供养不足，自然会显得暗淡无光，如果我们能让全身的气血运行起来，那么脸色就会得到大大改善。所谓面若桃花说的就是肤色略带粉嫩，让人看起来显得很健康，那么如何能让我们全身气血运行起来呢？很简单，通过按摩穴位的方法，就可以帮助调节气血通畅，从而起到美容护肤的效果。

我来教你

因久坐或者长期不运动导致脾虚的人很多，脾虚就会引起元气的损耗，要把损耗的元气补回来，敲打脾经是简单易行的方法。

01　敲打脾经补充元气

首先坐在椅子上，摆出"二郎腿"的姿势，因为脾经在腿内侧，从大脚趾开始一直延伸到胸部，在下肢内侧有 11 个穴位，翘起"二郎腿"有助于我们快速找到脾经。拍打时可以手握空拳，从脚内侧一直拍打到小腿内侧，再到大腿根的内侧，用力要适中，拍打次数不限，但最好在早上 9：00~11:00 进行。

02 **按揉血海穴:**

血海穴，从名字上就可以知道这个穴位和血有关，而女性朋友出现肌肤晦暗往往都和血液循环不佳有关。

血海穴位于大腿内侧，膝盖上方 2 寸处。按揉的时候使用大拇指，稍微用一点力度，划圈按揉，每次 5 分钟，每天 2 次，按揉时两腿可同时进行。

按摩此穴位不仅有助于疏通血液循环，同时对女性贫血也有一定帮助。因此想补充气血，不妨常按揉一下血海穴。

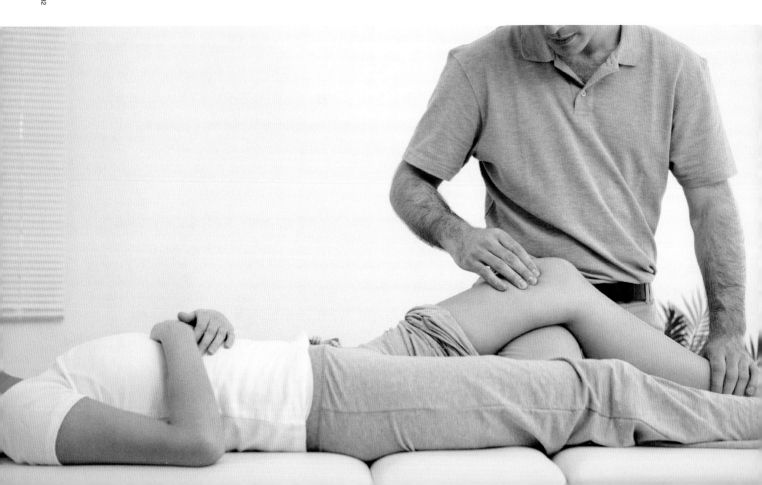

每周家庭 SPA，
肌肤焕然新生

对于现在的上班族来说，加班加点是常有的事，但是一定记得要多爱自己一点，除了之前和大家分享过的内调外养的方法，每周做做 SPA 也可以帮助放松身心，让肌肤得到极大地舒缓，这也是帮助肌肤焕然一新的有效方法。

没有谁能抵挡 SPA 给自己带来的放松感受，但是现在的 OL 们没时间、没精力，很难保证每周都能去一次 SPA 馆做护理，有没有可能在家里自己做 SPA 呢？答案是：当然可以！

我来教你

01　在香薰炉里滴入 1 滴玫瑰精油、1 滴薰衣草精油，营造良好的 SPA 氛围，玫瑰的气味可以让人感觉置身花海，而薰衣草具有镇静舒缓作用。

02　洁面后，先在面部使用一层精华，精华可根据自己肤质需求来选择，比如抗老、补水或美白的精华等。

03　涂抹一层精华后，将化妆棉用热温水浸透后挤出多余的水分，让化妆棉保持湿润即可，然后在面部涂抹厚厚的一层功能性面霜（依个人需求选择可补水、抗老或美白的面霜）。将温热的化妆棉敷在脸上，平躺等待 10 分钟，揭去化妆棉，将面部多余的面霜擦拭均匀。

04　准备一条毛巾，浸泡在热水中，滴入 1 滴玫瑰精油，将毛巾多余水分挤出，把毛巾揉成团，在面部做推拿 5 分钟。

05　在眼部涂抹一层眼部精华，同样用热水浸泡过的湿润化妆棉，敷在眼部，平躺等待 10 分钟，取下后，再用指腹轻轻按压拍打眼部肌肤。

06　最后，在眼部涂抹眼霜并按摩至吸收，在面部涂抹面霜按摩至吸收即可。

　　经过以上的步骤和小技巧，可以让平时使用的护肤品变成家庭 SPA 用的产品，一张化妆棉、一条毛巾都是 SPA 的工具，操作起来也非常简单，但是效果堪比 SPA 馆哦，既经济又有效，快做起来吧！

常按眼周穴位，
双眸有神采

黑眼圈咋办？眼周水肿咋办？这些问题困扰着很多人。现代人熬夜、用电脑，眼周血液循环不通，导致黑眼圈严重，眼周循环不畅又导致眼部水肿的出现。试想一下，一双又肿又黑的眼睛和一双水汪汪有神的眼睛，这绝对是极大的反差。那么如何能让双眼保持清澈而且不再熊猫眼呢？按摩眼周穴位就可以帮助到你哦！

我来教你

穴位 1：睛明穴，位于双眼眼头处。由于膀胱经之血由本穴提供于眼睛，因此按压睛明穴有助于明目，使眼睛变明亮，同时缓解眼周疲劳。按摩时，用大拇指指腹按压睛明穴 30 下，每天可多次按压。

穴位 2：攒竹穴，攒竹穴位于眼头上方眉骨边缘凹陷处。此穴对于缓解眼疲劳及眼充血有非常好的缓解作用。按摩时，用无名指指腹按压攒竹穴 30 下，按压时会感觉到微微酸胀，每天也可多次按压以缓解眼周不适。

穴位 3：承泣穴，位于瞳孔正下方处。此穴位可将体内胃经的营养输送给面部，因此对眼周肌肤有着补给养分和淡化黑眼圈的作用。按摩时，用无名指指腹轻轻点按，每回点按 30 下，每天可多次点按。

穴位 4：太阳穴，这个穴位大家再熟悉不过了，也算是万能穴，按一按就会觉得格外轻松，对于眼周肌肤的放松减压也有相当强的作用。按摩时，利用大拇指指腹打圈按摩 30 下，每天可多次按摩。

按摩上面提及的四个穴位，可以有效放松紧张的眼部，同时对于减轻黑眼圈、避免水肿有较好的作用。感觉眼周疲劳时不妨多按一按，眼部出现黑眼圈时也不妨多按摩以上的穴位，会有很大改善，当然按摩时配合眼霜的使用效果更佳。

心水推荐

雅诗兰黛即时修护眼部密集精华露　15ml

这款眼部密集精华露可以和雅诗兰黛各款眼霜配合使用，用在使用眼霜之前，多加一瓶眼部精华，可提升眼部修护效果。使用后，可抚褪眼部时光印记，改善黑眼圈、细纹、皱纹、干燥、肤色不匀等问题，让双眸柔嫩、紧致、莹亮，神采纯澈依然。

面部抗皱提拉按摩术

　　面部的衰老主要体现在皱纹、松弛两大方面，而皮肤松弛就会让皱纹更加明显，因此在抗老的过程中，要把提拉紧致作为重中之重。每天护肤过程中做一做面部提拉按摩，可以有效提升松弛的肌肤，还能抚平皱纹。

我来教你

01　取蚕豆大小量抗老面霜在手掌，搓热后，从脸颊开始向上提拉按摩一直到太阳穴，停住 5 秒钟，做 5 次。

02　双手握空拳，利用指关节从嘴角开始一直向上提拉按摩，做 5 次。由于指关节能够给一定的力度，对淡化法令纹有一定帮助。

03　双手托住两腮，均匀用力向上提拉，保持 20 秒，做 5 次。

04　双手交替向上按摩，左手按摩右侧脸，右手按摩左侧脸，交替进行做 5 次。然后双手在额头处交替向上提拉按摩，做 5 次。

05　双手从下巴处开始，向上按摩，就像干洗脸一样，碰到发际线后，分开呈八字形，并向后向上提拉停留 5 秒钟，做 5 次。

　　以上动作可以在每晚护肤时进行，有效的按摩提拉可以让皮肤的松弛得以改善，配合抗老紧致的护肤品效果更佳。

心水推荐

巴黎欧莱雅复颜光学嫩肤抚痕滋润霜　　50ml

　　这款面霜含温和的辛酰水杨酸，使用后，肌肤更润泽细滑，肤质明显改善，并且即刻抚平细纹，隐形毛孔，同时可滋润修护肌肤，全面优化肤质。

Chapter 7
日常化妆快学篇

上班前 5 分钟快速搞定底妆

如今的白领女性基本上都要化妆，无论是日常淡妆，还是工作妆，底妆无疑是必须要做的，而干净的底妆可以让肤色看起来均匀透亮，还有助于提升气场。但对于职业女性来说，辛苦工作一天，往往到家都很晚，还难免熬夜，第二天早上还要带着困意早起化妆，真是万分的辛苦，有没有快速搞定底妆的方法？让早上可以晚起一小会儿呢？

我来教你

01　妆前 1 分钟滋润：使用滋润的妆前乳或者保湿乳液，让肌肤得到充分滋润，便于打底均匀不易起皮。

02　海绵打底 2 分钟：用海绵蘸取适量粉底液，分别点在额头、脸颊、T 区、鼻翼、唇周等部位，然后均匀涂抹开来，如果觉得干，可以适当喷一些水在海绵上，用海绵打底的好处就是速度快，特别适合上班族的 OL 们。

03　指腹拍打 1 分钟：利用指腹在面部按压拍打，使粉底更均匀服帖，尤其在鼻翼周围易起皮的地方，用指腹轻轻按压。

04　粉饼定妆 1 分钟：最后，利用粉饼按压面部定妆。

05　整个打底仅仅需要 5 分钟的时间就可以完成，对于不想早起的人来说这种方法最简单也最方便，你可以试试哦！

心水推荐

植村秀塑颜水感轻粉底　　30ml

　　如雪纺般轻盈舒适，即刻渗透皮肤表层，瞬间遮盖皮肤表面缺陷和瑕疵，即时打造无瑕水感裸肌。完美的贴肤成分能覆盖肌肤表面，令肌肤呈现半透明亮泽的肤质效果。

特别提示

　　如果是干性肌肤的人，建议在粉底中加入保湿乳液混合后再用于面部，以免产生卡粉和起皮的现象，必要时，可以将海绵喷洒上一些水（比如保湿喷雾），然后再用于打底，可增加粉底服帖度，也减少起皮的情况。

明眸善睐的简单通勤眼妆

在一个完整的妆容中，眼妆无疑是最需要精心刻画的，但眼妆也是相对复杂一些的，对于上班族来讲，并不需要烦琐浓重的眼妆，也不需要粘上死板的假睫毛，更不需要花去大把时间在眼皮上反复画来画去，只需要简单提神的眼妆，就能让你看起来神采奕奕，双眼有神。因此，掌握一款快速通勤眼妆很有必要，每天只需要很短的时间就能搞定，一起来学习一下吧！

我来教你

首先需要准备一支眼线笔或者眼线膏，这里特别要说一下这两种产品有什么不同。

从我个人的角度来说，眼线笔还是比较适合日常眼妆来使用，但很多新手刚开始拿捏不好力度，以至于不能一气呵成，眼线笔也相对不容易持久一些。

眼线膏是我比较喜欢用的，因为很容易就能勾勒出眼线的形状，颜色也比眼线笔画出来要深，只是需要借助专业的刷子操作，相对于眼线笔要麻烦一点，但效果比较持久。

如果你是一个没有时间打理自己眼妆的人，那么我推荐用眼线笔，比较方便而且用时少，待技术熟练了可以改为眼线膏，眼线笔比较适合日常工作妆、清新淡妆，而眼线膏就比较适合浓一些的眼妆了。

针对于上班族的 MM 们，每天早晨的时间弥足珍贵，所以需要快速就能搞定的眼妆画法，只需要用眼线笔 + 眼影，3 步完成通勤眼妆，让你快速搞定双眼，美美地上班去！

01　步骤一：离开眼头大概 2~3 毫米处，大概在上眼皮根部中间位置开始勾勒眼线，沿着睫毛根部从眼头向前和向后画，尽量不要断开，一直画到眼尾及眼头，并在眼尾稍稍拉长一些，加深并加宽，营造放大效果。如果你不能保证一步从头画到尾，也可以一点点完成。

02　步骤二：将睫毛之间的缝隙用眼线笔填满，尽量不要留有空隙。

03　步骤三：用大地色系中的浅色眼影在上眼皮轻扫一层，然后从上眼皮睫毛根部向上 1 毫米宽度加深眼影，可用指腹轻轻晕开过渡，营造渐变效果，在眼尾处可适当加深。

　　三步骤结束后，一款简单又省时的眼妆就大功告成了，对于没时间精雕细琢的 OL 们来说，这可谓是通勤眼妆了，你也拿起眼线笔试试效果吧，不过还是要提醒大家，熟能生巧，勤练习才能将眼妆画得精致漂亮。

心水推荐

植村秀手绘眼线膏

　　这款手绘眼线膏色彩丰富，质地柔滑，使用起来非常方便，容易上色，并且有防水和防晕染的功能，能长时间保持效果，可避免"熊猫眼"的困扰。此外，这款眼线膏的质地非常丰润，普通眼线膏用到一半会有干燥结块的问题，这款眼线膏可以一直使用到完。

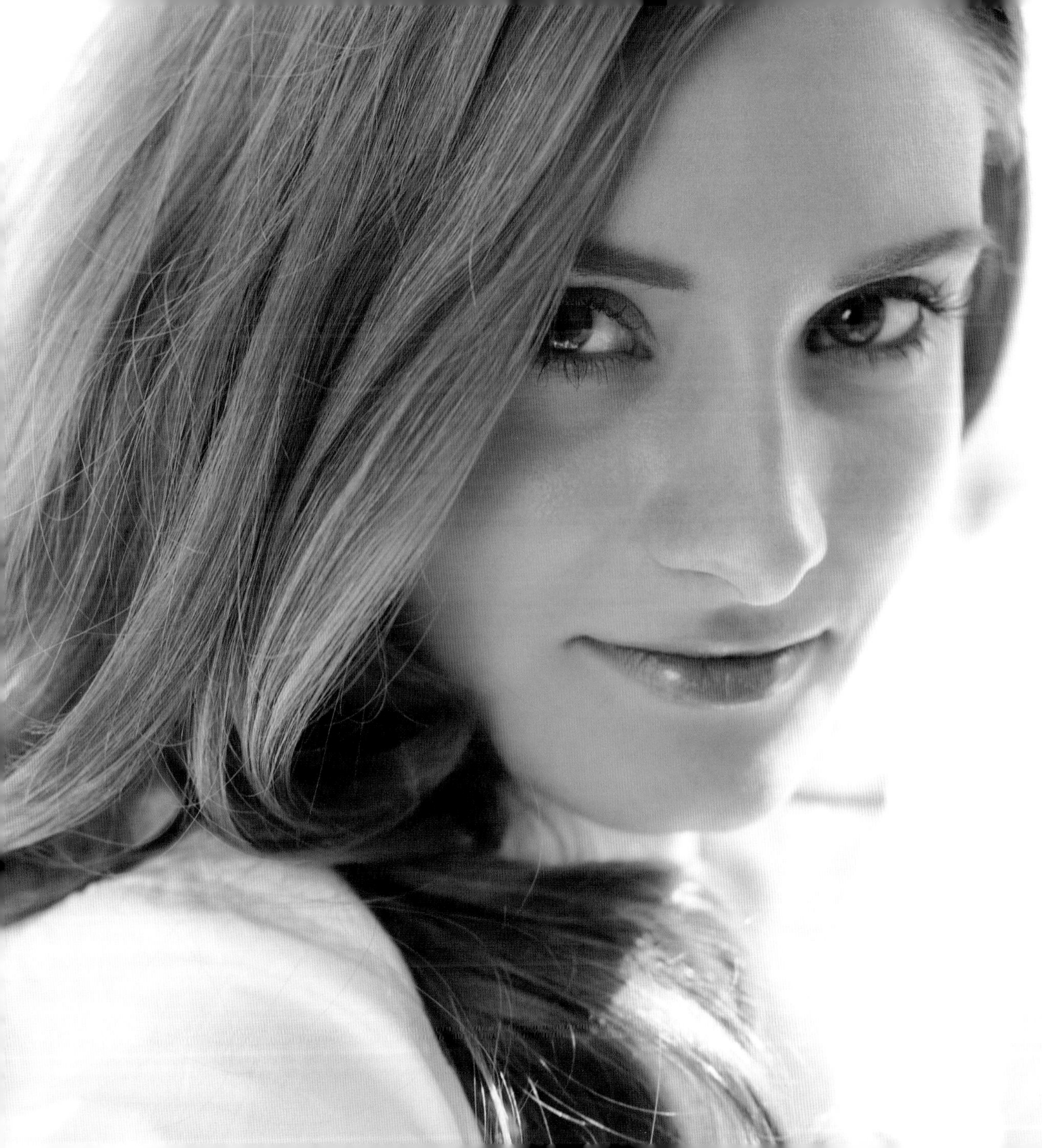

最容易的收紧脸部小脸妆

有不少 MM 们老说自己脸大，恨不得去抽脂、磨骨，先不说脸大到什么情况才去考虑动刀子，就说这抽脂和磨骨也不是一般人能忍受得了的，光想想就觉得浑身无力了，其实利用彩妆就完全可以达到瘦脸的效果，既不疼也不用受罪，何乐而不为呢？现在就一起来学习利用彩妆打造紧致的小脸吧！

我来教你

首先，想要打造小脸，需要 2 种色号的粉底液和一个修容粉，有了这三样东西，想脸不小都难呢！

01 步骤一：首先用自然色的粉底液大面积均匀刷于面部，如果使用海绵可以稍微喷一些水在上面，这样可使粉底更服帖。

02 步骤二：用刷子将深一色号的粉底液，均匀刷在脸两侧的部位，也就是两腮到耳朵的部位，刷均匀后，可以用指腹将深浅两色的粉底做过渡，让它们显得更自然一些，此刻你已经发现脸看上去好像小了许多。

03 步骤三：利用修容粉，重点在两腮部位扫一些，营造瘦脸的效果。

以上三步骤完成后，你的脸立刻小一圈哦，不过特别要提醒大家，选择粉底一定不要选择过于白的，一方面是不自然，另一方面不利于打造小脸效果。

心水推荐

贝玲妃热带风情蜜粉　　11g

这是一款蜜粉腮红两用产品。自然古铜色不带闪亮珠光粒子的细腻粉末，值得一提的是，如果你本身肤色较白，你可以用它来修饰脸型。

教你做救急粉扑，保持妆容持久

　　你一定有过这样的经历，本来美美的妆容一到下午就开始出问题，尤其是面部开始冒油，导致原本底妆有花妆的危险，怎么办？重新画个妆？哪里有时间允许你这样做？直接再刷一层粉底？你的脸上可有很多的油，直接再刷一层粉底反而让粉底变得更不均匀，怎么办？分享一个小妙招给大家，一张面巾纸＋粉扑就可以快速补妆，而且还可以让面部更清爽。

我来教你

01　这个方法非常简单，只需要准备一张干净的面巾纸，最好用稍微薄一些的面巾纸，有一些面巾纸是 3 层的，我们可以将其撕开只用一层。

02　然后将粉扑蘸一些粉，用纸巾包裹住粉扑，在面部进行按压，按压的过程中面巾纸将脸上多余的油分吸走了，而透过面巾纸还可以有一些粉按压在肌肤上，一边吸油一边补妆，而且补出来的妆还有雾面效果哦！

　　这种方法非常适合日常工作的女性，上班时来不及重新化妆，用这样的方法作为补救，简单快速易掌握。

学会腮红的正确打法

一个完整的妆容应该有底妆、眼妆、唇妆还有腮红，腮红的作用一点不逊色眼妆，如果说一个完美的眼妆能让双眼放电，那么画个完美的腮红，能让人精神饱满，肤色看起来更加健康。

很多人不知道腮红怎么打，经常看到有人顶着两个"红脸蛋"就来上班，或者过分打在颧骨处，反而让人产生距离感，腮红绝对不是画两下就完事，在用色和画法上也有一点小技巧哦！

我来教你

颜色的选择：橘色腮红是最适合亚洲人的颜色，可让妆容变得更自然。

腮红刷的选择：腮红刷有三种比较常见，梯形刷——主要用于特别强调的区域；圆形刷——用的最广泛的刷子，用于全脸都可以，新手也能驾驭；尖圆刷——一般用于柔和腮红使用。

小贴士：

我们一般使用圆形刷即可，特别提醒大家，蘸取腮红后请将刷子甩两下，这样可以甩掉刷头上多余的腮红粉，使腮红显得更自然，万万不可直接就涂在脸上，那样会造成"高原红"的情况。

提升气色画法: 想要提升气色, 主要在颧骨处以 "U" 形打腮红, 适当向后扫几下, 这样打出来的腮红比较自然可爱, 也比较柔和, 不会那么强烈, 一般上班族的女性也不需要打夸张的腮红, 更不需要深色的腮红, 所以采用橘色 U 形打法非常适合日常妆容。如果你搞不懂, 那么最简单的方法就是从颧骨处向后扫几笔就可以了。

心水推荐

贝玲妃阳光天使蜜粉　19g

独创的 "4 色 8 格旋涡", 能调出多层次的色彩, 幸运贝壳色、天堂玫瑰色、愉悦莓果色, 将这 4 种梦幻色彩混合使用, 可使你的双颊蒙上一层柔和的淡紫色光晕!

特别提示

粉刷蘸上腮红粉后先抖一抖, 这样能避免一笔上去在脸上留下一个 "大红点"。

完美唇部，就要不脱妆

　　你是不是有过这样的经历，和男朋友或者同事吃饭，少不了喝些饮料或者酒水，可喝完几口以后，就会发现玻璃杯口留下的都是唇印，既不美观还会让人觉得，你是不是用了劣质的口红？尴尬得很！其实想要避免口红脱落很简单，介绍口红不易脱落的小窍门给大家。

我来教你

唇部不脱妆窍门

01 妆前，先用温水清洗唇部，必要时可以用热毛巾敷一会，软化角质，让唇膏更服帖。

02 涂抹一层无色的润唇膏，一般普通唇膏即可。

03 用唇刷将有色唇膏刷于唇部，刷的时候要均匀。

04 第一层唇膏刷好后，用海绵蘸一些薄粉轻轻按压在唇部，可以起到定妆作用。

05 接着，再涂抹一层唇膏，让唇色更饱满，你会发现此时，唇膏就不容易脱落和留痕了。

眉笔 + 眉粉
打造自然双眉

现代的人们都崇尚自然，对妆容的要求也是越自然越好！对眉毛的打理也摒弃了以往"柳叶弯眉"即是美的审美标准，更多的是寻求适合自己的眉形和画法。有时候眉毛可以提升眼妆的效果，"善意"的眉形可以让你看起来更温和，更容易亲近，所以说化妆的过程中不能忽视眉毛的打理。

我来教你

打造自然双眉

01 眉形整理，不要留有太硬的眉峰和直角，整体上要呈自然弧度的修整。

02 利用眉笔在眉毛中间开始，顺着眉形画，到眉尾要轻轻带过，逐步向眉头过渡，整个画的力度不要过重，以免造成死板的眉形。

03 大致眉形勾勒后，利用眉粉来补充缝隙，眉头处要轻一些，并在眉尾做适当延伸，眉粉可以选择比眉笔轻一些的深灰、棕色，这样和黑色的眉笔进行搭配会比较自然。

04 如果是脸型比较方的人，可以适当拉长眉形，使整体轮廓更柔和。

05 皮肤白皙的人，使用深灰、深咖啡色更好一些，避免造成黑白反差太大。

06 最后，不要忘记用眉刷均匀地刷一刷眉毛，让其自然柔顺。

CHAPTER 8
20，30，40，50 美丽篇

20's

20 岁年轻肌肤，
基础保湿是王道

20 岁　最该做的护肤工作是什么？

20 岁，一个青春洋溢的年纪，一个不用修饰无须精雕细琢，就可以散发出美丽气息的年纪。人在 20 岁时肌肤状态可以用最佳来形容，无论含水量、弹性、自我修护能力，还是通透度方面，都是最佳的，整个人的状态非常年轻，因此新陈代谢也很快，所以肌肤的排毒能力也很强。20 岁的肌肤不会出现大的问题，唯一有可能造成困扰的估计就是肌肤出油量可能会较多，这也是 20 岁肌肤较为普遍的特点。对于 20 岁的肌肤来说真的不必过于保养，做好基础的养护工作就足够了，让肌肤在年轻时多呼吸一些氧气，不要给肌肤过多的负担，这才是 20 岁应该做的保养之道。

保湿无论对于哪个年龄段的人来说，都是最重要的基础保养，虽然有些人会说自己的皮肤不缺水还有点油，但是你有没有想过那也是缺水造成的？当水分子缺失的时候，皮肤自然就会显得更加油腻一些，因此补水保湿是基础保养中必不可少的环节，而对于 20 岁肌肤来说，保湿补水是最应该做的，而不是美白、抗老这些工作。

我也听到过一些不同的声音，认为并非每个人都需要补水，但请大

家一定记住，我们人体 70% 是液体，它们分布在我们身体各处，我们每天都要喝水至少 2000ml，才能保证我们体内正常代谢。一个人不吃饭大概可以活 7 天，而不喝水只能活 3 天，可想而知，水对于我们有多么的重要，所以你说补水重不重要？换个角度来看，对于皮肤补水同样是如此，不给肌肤充足的水分，那么肌肤就会逐渐失去活力，甚至提早出现各种问题。因此我们在 20 岁的时候一定记得，最重要的护肤工作就是保证肌肤水分充足，肌肤水润了，自然就会散发出年轻的光彩，人也会充满青春的气息。

20 岁　化繁为简保湿补水最关键

既然我们知道了补水保湿的重要性，那么 20 岁的肌肤应该如何进行补水工作呢？请跟我一起做！

我来教你

01 保证基础清洁工作做到家，每天 2 次洗脸，清洁时请用起泡沫的洁面乳做面部清洁，减少痘痘发生的概率和过度出油。

02 利用化妆棉擦拭保湿化妆水，如果面部出油较多者，可选择清爽控油化妆水。

03 使用保湿乳液即可，这个年纪保湿精华可以暂时不用，保湿乳要分别点在额头、双颊、T 区、下巴处，涂抹时先从脸颊开始，逐步延伸至全脸。

04 一定记得使用防晒霜，日常防晒 SPF25 即可。

对于 20 岁年轻肌肤来说，不需要复杂的步骤和繁多的产品，只要做到基础保湿护理就可以。切记不要让护肤变得复杂化，以免给肌肤带来负担，也因肌肤处于年轻状态，过多的护肤品会无法吸收。所以，20 岁的年轻人，请简化护肤过程，让肌肤自由无负担地大胆亲近自然才是正解。

心水推荐

悦诗风吟绿茶籽精萃水分菁华霜　　50ml

犹如为肌肤种下绿茶水分种子，令肌肤无油腻感，长时间清爽保湿，绿茶中的儿茶素成分具有修护补水效果，可令肌肤紧致而富有弹性，焕发水润净白光彩。

30's

30 岁轻熟龄肌肤，
提前抗老显自信

30 岁　最该做的护肤工作是什么？

人们常说三十而立，我倒觉得这句话应该改一改。因为时代不同了，在人口众多、竞争激烈的社会中，也许 35 岁、40 岁才真正立得起来。30 岁的时候估计绝大多数的人还都在打拼。

现在的上班族实在不容易，在打拼的时候往往都是在透支着自己的青春，加上对自己保养不到位，导致 30 岁看上去像 40 岁的人也大有人在。30 岁人的肌肤已经从年轻状态逐步走向成熟，我们也可以说这个阶段的肌肤是轻熟龄肌肤，这时肌肤的锁水力、弹性都开始逐步下降，如果不加以保养预防，很容易提早出现细纹、暗沉、松弛等问题，尤其是事业型的女性更应该注意加以预防。

既然 30 岁时容易出现以上诸多问题，那么此时，我们最应该做的护肤工作就是预防衰老！使用抗老产品对于 30 岁肌肤来讲，再适合不过了，因为抗老产品可以有效预防肌肤老化，做到未雨绸缪，这样可将衰老推迟 5 年，甚至更久。

抗老产品怎么用最有效？

　　在使用抗老产品前，还是要提醒大家，30 岁的肌肤属于轻熟龄阶段，因此在选择抗老产品时不要选择成分过于复杂的，使用一般抗老产品就可以满足 30 岁肌肤的抗老需求。那么在使用抗老产品时有什么讲究呢？我来给你支支招。

我来教你

01　抗老精华要先用，也就是说清洁爽肤过后先用抗老产品。因为抗老产品往往分子最小，可以渗透到毛孔中。使用抗老精华时先将其在掌中加温，然后均匀按压在全脸。

02　均匀按压完抗老精华后，再用指腹在面部打圈按摩直至完全吸收。

03　在重点部位二次涂抹抗老精华，重点部位有：鼻翼周围、嘴角、额头，这几个位置最容易出现细纹和下垂的现象，二次涂抹可加大抗老的效果。

04　精华过后，直接涂抹一层抗老紧致乳液，并非抗老面霜不能用，而是考虑到这个阶段的肌肤在抗老过程中应尽量减轻负担。抗老紧致乳液以打圈的形式涂抹均匀，然后由内而外并向上进行提拉按摩，可有助于预防肌肤松弛。

05　最后，我们使用一层保湿面霜，之所以用保湿面霜，是因为前面抗老产品已经很给力了，但是我们的肌肤也需要水分，因此利用保湿面霜给肌肤注入水分，同时也能有效锁住之前使用的抗老精华成分。

30 岁轻熟龄肌肤的抗老工作，主要以预防为主，上面的 5 个步骤已将抗老的复杂程度减到最少，但效果却没有打折扣。另外，正常有规律的生活作息、清淡的饮食、不抽烟喝酒，都可以有效延缓衰老的到来，所以抗老就要做到全面，这样细纹、暗沉就会离你远远的。

心水推荐

SK-II 肌源修护精华霜　　50g

采用创新科技——肌源再生复方激活干细胞，从根本上提升肌肤的紧致度，细致度，紧实毛孔，改善逆龄角度，使用一次可见毛孔即减少 46.7%，使用两周后肌肤逆龄角度即可提升 15°，短短 14 天内即可逆转肌龄。

40's

40 岁成熟肌肤，
学会修护巧减龄

40 岁　最该做的护肤工作是什么？

人到 40 岁，皮肤衰老已经显现，即便是保养得再好，皮肤也都不会像 20 岁那样年轻。40 岁肌肤最大的问题就是皱纹增多并且加深、皮肤毛孔变大、肌肤松弛明显、肤色发暗且失去光泽。

这些问题的出现，一方面是因为自然衰老原因，这是所有人都不可逆的过程，另一方面日常保养不当也会造成加速衰老。40 岁的人除了要保持良好的心态以外，学会一些抗老修护的方法，可以让你看起来更年轻，在不知不觉中轻松减龄。

修护 + 激活　40 岁肌肤逆生长

　　40 岁肌肤想要恢复青春活力，并非一点办法也没有，只是需要有一些耐心和恒心。40 岁肌肤需要的不仅仅是保湿那么简单，更多的是需要修护和激活，修护已经开始老化的肌肤，激活肌肤细胞新生，双管齐下，这样才能让成熟的肌肤真的开始"回春"。

我来教你

01　每天保证充足睡眠 8 小时，22:00 左右保证上床睡觉。夜间是肌肤自我修护的黄金时间，尤其对于熟龄肌肤来说，保证高质量睡眠是修护肌肤的最佳手段之一，所以一定不要熬夜了。

02　每周做 3 次不同效果的抗老面膜，可以每周一、三、五来做，每次做的面膜功效区分开，周一使用深度滋润面膜，给肌肤注入养分；周三使用提拉紧致面膜，帮助收紧肌肤；周五使用修护激活面膜，可以使用一些添加植物草本成分的面膜，比如人参、当归、藏红花类，这些成分可以有效激活肌肤细胞，帮助加速肌肤新陈代谢，从而让肌肤得到有效养护。

03　每天早晚一定使用抗老精华，并由下而上进行按摩，有助于提拉松弛的肌肤，让面部整体得到提升。

04　周末时可使用抗老精油，借由精油可以抵达肌肤深处的效果，从肌肤底层进行激活和修护。

给大家一个配方：2 滴胡萝卜籽 +2 滴花梨木 +2 滴没药 +10ml 葡萄子油，这个配方可以舒展肌肤皱纹，从肌肤底层修护肌肤受损细胞，并有抗氧化的效果，不妨试试看。

05 每天记得出门前 20 分钟涂抹防晒霜，科学数据表明，紫外线是造成肌肤衰老的罪魁祸首之一，所以请一定做好防晒工作。

以上五点如果你都做到了，肌肤一定会有所改善，并且能逐渐恢复好气色。另外记得，保持好的心情也是维持年轻的良药哦。

心水推荐

PRO-X 纯焕方程式抗皱舒纹霜　　48g

这款产品是针对深层皱纹设计，从最肌因层次全面改善肌肤信号，还原年轻，坚持使用 28 天后可以显著改善深度皱纹等顽固肌肤问题，让你体验肌肤年轻时的巅峰状态。

50's

50 护肤养生好心态，
青春不掉队

50 岁　最该做的护肤工作是什么？

　　人到 50 岁，已经到了享受天伦之乐的年纪。自己退休了，儿女工作了，这时才有时间好好地照照镜子。要说 50 岁的人没有皱纹那是骗人的，我要是说我能把 50 岁人脸上的皱纹去掉，那也是不现实的，即便是明星们也无法抵抗岁月留下的痕迹。其实到了 50 岁很多人反而过得更潇洒，心态也更加平和，心态年轻人就年轻许多。

　　50 岁的人在护肤方面最应该做的就是养护，而养护的第一要诀就是保持良好的心情，笑口常开，这很重要。俗话说相由心生，如果每天心情抑郁，因为脸上长了老年斑或者皱纹加深，而整日哀叹年华已逝，那么你一定年轻不起来，所以 50 岁的人首先要保持心情舒畅。

　　其次，在养护肌肤方面也要做到合理安排，既需要抗老的护肤品保养肌肤，也需要内在调节，双向养护才能让人看起来青春不减当年。

内外双向养护　让风采不减当年

想让风采不减当年，进行合理的内外调养才是最佳的方法，因为 50 岁的人不仅肌肤胶原流失严重，会导致失去弹性和光泽，身体内的新陈代谢也变得缓慢，这也导致肌肤出现老化。如果能内外双向养护肌肤，那么就能大大提升肌肤的弹性，让人看起来风采依旧，这里也和大家分享一些方法。

我来教你

双向养护之内养

01 多食用含有维生素的食物，比如：鸡蛋、牛奶、胡萝卜、西兰花、西红柿、芹菜、瘦肉、豆类等。必要时可以每天吃一些保健型的维生素 C、维生素 E 含片，可以帮助滋润肌肤，还可以预防老年斑。

02 每天保证喝一杯新鲜的果汁，尤其以橙汁、苹果汁、番茄汁为佳，另外也可以自制一些复合的果蔬汁，比如胡萝卜汁、番茄汁、橙汁混合在一起，既能补充维生素，还可以抗氧化，对淡斑也有一定帮助。

03 日常饮水要分多次饮用，水中可以泡一颗红枣，既能给身体补水还可以补充气血，对于红润肌肤也有很大帮助。另外，也可以将水果切几块放在水中，效果也不错。

双向养护之外养

01 外在的养护主要从护肤角度来讲，给肌肤补充弹性增加营养是必须要做的，在使用护肤品时不妨使用一些含有胶原、胜肽成分的产品，胶原可以使肌肤弹性增加，而胜肽在近几年是非常热门的抗老成分。另外，50 岁肌肤需要更多一些的油分来滋润，所以可以选择质地丰润一些的面霜。

这里特别要提一下胜肽，它其实是由氨基酸用肽链连接而构成（氨基酸数目从 2-9），是降解的小分子胶原蛋白，是人体中原本就存在的成分。护肤品中常常添加五胜肽和六胜肽，五胜肽能抑制金属蛋白质分解酵素，刺激胶原蛋白再生，六胜肽能阻断神经和肌肉间的传导，让过度活跃的肌肉放松，达到抚平动态纹、表情纹等表面细纹与皱纹的作用。形象地说，六胜肽就是类肉毒杆菌素，并且六胜肽中蕴含有活性六角氨基酸及多肽蛋白，能舒缓抬头纹、鱼尾细纹，使肌肤弹性组织恢复平滑。所以胜肽的抗老效果非常显著，大家在购买产品时不妨多留意。

说完抗老的成分，咱们再说说抗老的手法。由于 50 岁肌肤一般都会出现松弛的状况，所以尽可能地不要过度拉扯肌肤。在脸颊按摩时，将抗老面霜在掌中揉开后，利用手掌温和地由下向上逐步推送按摩，按摩至产品完全吸收，然后用指腹在面部轻拍，帮助面部血液循环，有助于抗老成分发挥作用。

50 岁的肌肤还有一个问题就是嘴角容易下垂，可以利用抗老产品重

点涂抹在嘴周围，然后用食指和中指按压嘴角两边，一方面有助于减轻嘴角下垂，另一方面可以预防嘴周皱纹的形成，避免"婆婆嘴"过早出现。

对于 50 岁成熟肌肤来说，不仅需要平时注意内在保养和外在保养品的使用，还有一点就是保持良好的心态，如果说化妆品可以起到一定作用，那么保持好心情则是永葆青春的良药，所以年轻不仅仅是表面功夫，内心年轻才是真谛，也希望每个人都有一颗不老的心！

心水推荐

羽西赋颜萃优致乳霜　　50ml

十分适合成熟肌肤，其中蕴含天然植物成分大花红景天及先锋抗老成分 Pro-Xylane　，可促进肌肤新生，能有效对抗松弛老化，减少细纹和皱纹并紧致肌肤。

美，由心生